KB117308

유아기부터 시작하는

# 우리 아이 성교육

**유아기부터 시작하는 우리 아이 성교육**

지은이 박미애
펴낸이 임상진
펴낸곳 (주)넥서스

초판 1쇄 발행 2022년 3월 25일
초판 4쇄 발행 2024년 4월 15일

출판신고 1992년 4월 3일 제311-2002-2호
주소 10880 경기도 파주시 지목로 5 (신촌동)
전화 (02)330-5500 팩스 (02)330-5555

ISBN 979-11-6683-214-7 03590



가격은 뒤표지에 있습니다.
잘못 만들어진 책은 구입처에서 바꾸어 드립니다.

www.nexusbook.com

× 유아기부터 시작하는 ×

# 우리 아이 성교육

박미애 지음

넥서스BOOKS

금쪽같은 내 아이를 위해

이 책을 펼친 부모님께

# 유아기 성교육은 성을 대하는 태도를 잡아주는 교육입니다

금쪽같은 내 아이를 위해 이 책을 펼친 부모님께 유아기 성교육이란 무엇인지부터 전하고자 합니다.

성(性)은 인간 발달 단계에 맞춰 지속적으로 성장하는 개념입니다. 타인과의 관계 형성에 영향을 주는 중요한 부분이기도 합니다. 유아기에는 성에 대한 인식이 형성되고, 이 시기에 형성된 성 인식은 아이 일생에 깊은 영향을 미칩니다.

공자는 유아기 교육의 중요성을 다음과 같이 표현했습니다. "一生之計在於幼(일생지계재어유) 一年之計在於春(일년지계재어춘) 一日之計在於寅(일일지계재어인) 幼而不學(유이불학) 老無所知(노무소지)" 일생의 계획은 어릴 때에 있고, 1년의 계획은 봄에 있으며, 하루의 계획은 새벽에 있다는 뜻입니다. 이는 조기교육의 중요성을 강조한 것으로, 어릴 때부터 올바른 성 인식을 형성하고자 하는 성교육에도 적용될 수 있습니다.

아이는 끊임없이 호기심을 갖고 질문합니다. 성에 대해서도 마찬가지입니다. 특히 4~6세에 성에 대한 관심이 급격히 높아집니다. 심리학자 프로이트(Sigmund Freud)의 심리성적 발달단계이론에 따르면 남근기에 해당하는 4~6세는 성기와 성에 흥미를 느끼는 시기입니다. 이때 많은 유아가 눈에 띄게 성에 관심이 높아지고, 관련 질문을 쏟아냅니다. 양육자는 이런 관심과 질문에 적절히 응해줘야 합니다. 부모가 유아기부터 아이가 성을 폭넓게 이해할 수 있도록 교육해야 합니다.

유아기 성교육은 성 지식보다는 성을 대하는 올바른 태도를 잡아주는 것이 기본입니다. 시카고 대학교 정치철학과 교수인 앨런 블룸(Allan Bloom)은 인간 지능의 50%가 무려 출생 후 4세에 형성되고 5~9세까지는 30%가 형성된다고 했습니다. 유아기의 경험이나 환경이 두뇌와 인지능력에 큰 영향을 미치는 것입니다.

따라서 성을 부정적으로 인식하거나 긍정적으로 바라보는 등 성에 관한 기본적인 인식과 태도가 결정되는 시기도 유아기입니다. 유아기에 올바른 성교육을 받은 아이는 자기 몸을 긍정적으로 인지하고, 사춘기 때 2차 성징이 나타나면 이를 자연스럽게 받아들입니다. 유아기 성교육이 청소년기 이후까지 영향을 미치는 것입니다.

유아기의 성교육은 아이가 성인이 된 이후까지 많은 영향을 준다는 데 많은 학자가 동의하고 주장합니다. 스위스 심리학자 피아제(Jean

Piaget)의 인지발달이론, 프로이트의 심리성적 발달단계이론, 미국 정신분석학자 에릭슨(Erik Homburger Erikson)의 심리·사회적 발달이론에서도 유아기 교육의 중요성이 강조되고 있습니다. 유아교육 전문가 맑은숲아동청소년상담센터 이임숙 소장에 따르면 사람의 성장단계에서 4~7세는 가장 중요한 시기로, 이 시기에는 인성교육이 최우선되어야 한다고 합니다.

그 외에도 많은 유아교육 전문가가 입을 모아 유아기를 생애주기 중 가장 중요한 시기로 꼽습니다. 아이의 성품과 인성, 성 인식과 성을 대하는 태도가 모두 유아기에 형성되기 때문입니다. 육아 멘토로 널리 알려진 오은영 박사에 따르면 성인이 일으키는 성 문제의 상당수가 7세 이전에 형성된 성 인식과 관련되어 있다고 합니다. 한 번 형성된 성 인식은 쉽게 바뀌지 않기에 유아기부터 올바른 성 인식을 심어주는 게 중요합니다.

우리는 모두 성적인 존재입니다. 부모도 아이도 마찬가지입니다. 그러니 성은 자연스러운 것입니다. 치장할 필요도 숨길 필요도 없이 있는 그대로 받아들여야 합니다. 부모 먼저 성을 건강하고 자연스럽게 바라보아야 합니다. 아이의 성교육은 양육자인 부모에게서 출발합니다. 부모는 아이에게 관계와 사랑으로 시작된 성을 자연스럽게 설명할 수 있어야 합니다.

많은 사람이 등산할 때 지도를 먼저 봅니다. 아무런 정보 없이 무작정 산길을 오른다면 길을 헤매는 건 물론이고 안전도 장담할 수 없습니다. 지도로 산의 지형과 등산 동선을 파악하여 위험한 곳은 피하고, 물을 마시거나 쉴 수 있는 곳을 잘 알아둬야 안전하게 등산할 수 있습니다. 성교육도 같습니다. 부모가 먼저 지도를 보듯 공부하고 아이에게 필요한 부분을 정확히 알려줘야 합니다. 그것이 내 아이를 지키는 길입니다.

특히 성교육에 있어 성을 대하는 부모의 태도가 무엇보다 중요합니다. 부모의 언행은 아이의 의식 깊이 영향을 미치기 때문입니다. 부모는 누구보다 아이를 잘 알고, 성장 단계에 맞게 교육할 수 있기에 누구보다 아이에게 올바른 성 인식과 태도를 길러줄 수 있는 존재입니다. 이 책의 주요한 내용은 '태도'에 관한 것입니다. 일상생활에서 아이와 함께 성을 대하는 올바른 태도를 기를 수 있는 내용을 담았습니다.

아이에게 가정은 부모를 보고 배울 수 있는 하나의 교실이자 작은 사회입니다. 그러니 부모부터 배우고 실천해야 합니다. 이 책을 바탕으로 어떻게 시작할지 막막하여 머뭇거리던 성교육에 한 발을 내딛을 수 있기를 바랍니다. 금쪽같은 내 아이를 위해 이 책을 펼친 모든 부모님을 응원합니다.

# × 차례 ×

## 성교육의 시작은 '부모', 부모 자신부터 점검

## PART 2

# 성교육은 인권 존중 바탕의 태도교육

## PART 3

# 아이 주변 모두가 일상에서 함께하는 성교육

## 아이의 궁금증, 성교육의 기회!

## 미리 준비하는 아이의 사춘기

## 부록 1 아이의 호기심에 의연하게 대처하는 성교육 실전 팁

## 부록 2 고민되는 상황에 현명하게 대처하는 성교육 실전 팁

## 부록 3 성범죄로부터 우리 아이를 지키는 실전 교육법

PART 1

# 성교육의 시작은 '부모',

# 부모 자신부터 점검

# 성에 대한 인식을 먼저 점검해보세요

자녀의 성(性)에 대한 가치관이나 태도에 가장 큰 영향을 주는 건 가정입니다. 좀 더 정확하게는 가정의 분위기입니다. 아이는 가정에서 부모의 모습을 보며 성 역할을 배우고, 부부간의 애정표현을 보며 성을 자연스럽게 인식합니다.

부모가 성을 부정적으로 대하거나 차별적인 성 역할 태도를 보인다면 아이는 성에 대한 개념을 건강하게 인식하기 어렵습니다. 성에 관한 이야기를 편안하게 할 수도, 올바른 성 역할을 인식하기도 어려울 것입니다. 아이의 성교육을 시작하기 전에 부모 자신부터 점검해야 하는 이유입니다. 부모가 성을 어떻게 인식하느냐에 따라 아이의 성은 '문제'가 될 수도 있고, 그렇지 않을 수도 있습니다.

'성'이 무엇인지 말하기 어렵다면 평소 성에 대해 깊이 생각해본 적 없거나 성에 대해 생각하는 걸 너무 조심스러워하기 때문입니다. 그동안 우리는 일상 가까이 존재하는 성을 너무나 불편해하고 어색해했습니다. 성을 왜 부끄러워하고 숨겨야 하는 것으로 생각하는 걸까요? '성기'나 '성행위'만 집중해서 인식하기 때문입니다. 그러나 성은 성기나 성행위뿐 아니라 몸과 성별, 인간관계를 포함합니다. 성적 욕망이나 심리, 제도나 관습에 의해서 규정되는 사회적 요소까지도 포함하는 개념입니다. 한마디로 성은 성적인 모든 것을 아우릅니다.

우리는 모두 성적인 존재입니다. 부모도 아이도 마찬가지입니다. 그러니 성은 자연스러운 것입니다. 아침에 일어나 화장실에서 소변보고 옷장을 열어 맘에 드는 옷을 고르는 것, 아이를 안아주며 사랑한다고 말하는 것, 부부가 피임을 고민하거나 여성이 월경하는 것, 연인이 사랑하고 관계를 맺는 것 모두 성과 관련됩니다. 어린이든 청소년이든 여성이든 남성이든 그 자체의 성을 자연스럽게 일상을 경험하듯 누구나 지닌 것으로 인식하면 됩니다.

부모가 먼저 성을 건강하게 인식해야 합니다. 부모부터 건강한 성 가치관을 지녀야 아이에게 관계와 사랑으로 시작된 성을 자연스럽게 알려줄 수 있습니다. 성을 부담스럽지 않게 느낀다면 이미 성교육의 절반은 성공한 셈입니다. 부모가 먼저 하나하나 배우며, 성에 대한 아이의 질문을 모른 척 외면하지 않으면 됩니다.

아이는 부모의 표정과 태도에 세밀하게 반응합니다. '이런 건 질문하면 안 되는 거야'라는 인상을 받으면 더는 궁금증을 드러내기 힘들고, 결국 성을 있는 그대로 볼 수 없게 됩니다. '엄마도 잘 모르는 내용이라 찾아보고 알려줄게'라고 이야기할 수 있으면 됩니다. '그런 건 몰라도 돼'라고 회피하지 않으면 됩니다.

마음의 문을 열어보세요. 성을 외면하거나 억누르지 말고, 스스로 성을 어떻게 느끼는지 세밀히 들여다보면 성이 주는 행복을 느낄 수 있습니다. 본격적인 성교육을 시작하기 전에 먼저 체크리스트로 성 인식을 점검해보세요. 너무 고민하지 않아도 됩니다.

자! 시작하겠습니다.

해당 경험이 없는 분은 그와 같은 상황을 가정해서 체크해주세요.

## ☑ 체크리스트

1. 아이 성교육 책임은 엄마에게 있다.

① 그렇다 ② 조금 그렇다 ③ 보통이다 ④ 아니다 ⑤ 전혀 아니다

2. 딸은 항상 몸조심해야 한다.

① 그렇다 ② 조금 그렇다 ③ 보통이다 ④ 아니다 ⑤ 전혀 아니다

3. 아이를 잘 키우고 보살피는 일은 아빠보다 엄마의 책임이다.

① 그렇다 ② 조금 그렇다 ③ 보통이다 ④ 아니다 ⑤ 전혀 아니다

4. 자녀의 생일파티를 할 때 아빠보다는 엄마의 손길이 더 필요하다.

① 그렇다 ② 조금 그렇다 ③ 보통이다 ④ 아니다 ⑤ 전혀 아니다

5. 경제적으로 가족을 부양해야 할 책임은 여자보다 남자가 더 크다.

① 그렇다 ② 조금 그렇다 ③ 보통이다 ④ 아니다 ⑤ 전혀 아니다

6. 기저귀 갈기나 목욕시키기 등은 아빠보다 엄마에게 더 적합한 일이다.

① 그렇다 ② 조금 그렇다 ③ 보통이다 ④ 아니다 ⑤ 전혀 아니다

7. 원만한 관계를 위해서 남자는 여자보다 학벌이 높아야 한다.

① 그렇다 ② 조금 그렇다 ③ 보통이다 ④ 아니다 ⑤ 전혀 아니다

8. 피임은 남성보다 여성이 미리 신경을 써서 조심해야 한다.

① 그렇다 ② 조금 그렇다 ③ 보통이다 ④ 아니다 ⑤ 전혀 아니다

9. 여자는 남자를 만족시키기 위해 행동이나 태도를 바꿔야 한다.

① 그렇다 ② 조금 그렇다 ③ 보통이다 ④ 아니다 ⑤ 전혀 아니다

10. 장관이나 고위공무원에 여자가 적은 것은 여성의 능력이 부족하기 때문이다.

① 그렇다 ② 조금 그렇다 ③ 보통이다 ④ 아니다 ⑤ 전혀 아니다

11. 어떤 직장이든 여성이 많아지면 생산성이 떨어진다.

① 그렇다 ② 조금 그렇다 ③ 보통이다 ④ 아니다 ⑤ 전혀 아니다

12. 남자가 성폭력을 하는 것은 섹스에 대한 강한 욕구 때문이다.

① 그렇다 ② 조금 그렇다 ③ 보통이다 ④ 아니다 ⑤ 전혀 아니다

13. 성폭력은 피해자의 옷차림이나 행동에도 원인이 있다.

① 그렇다 ② 조금 그렇다 ③ 보통이다 ④ 아니다 ⑤ 전혀 아니다

14. 우리 아이는 성폭력의 피해자가 되지 않을 것이다.

① 그렇다 ② 조금 그렇다 ③ 보통이다 ④ 아니다 ⑤ 전혀 아니다

15. 우리 아이는 성폭력의 가해자가 되지 않을 것이다.

① 그렇다 ② 조금 그렇다 ③ 보통이다 ④ 아니다 ⑤ 전혀 아니다

16. 남자는 우리 사회를 위해 많은 일을 하므로 여자보다 더 많은 결정권을 주어야 한다.

① 그렇다 ② 조금 그렇다 ③ 보통이다 ④ 아니다 ⑤ 전혀 아니다

17. 여자는 남자에 비해 과학이나 수학 능력이 부족하다.

① 그렇다 ② 조금 그렇다 ③ 보통이다 ④ 아니다 ⑤ 전혀 아니다

18. 자위하는 아이는 문제가 있다고 생각한다.

① 그렇다 ② 조금 그렇다 ③ 보통이다 ④ 아니다 ⑤ 전혀 아니다

19. 상대방의 스킨십 요구를 거절하지 못한다.

① 그렇다 ② 조금 그렇다 ③ 보통이다 ④ 아니다 ⑤ 전혀 아니다

20. 이혼한 여성 쪽에 양육권이 있어도 자녀는 아버지의 성을 따르는 것이 당연하다.

① 그렇다 ② 조금 그렇다 ③ 보통이다 ④ 아니다 ⑤ 전혀 아니다

21. 다툼이 있을 때, 남자가 먼저 여자에게 사과하는 것이 남자다운 일이다.

① 그렇다 ② 조금 그렇다 ③ 보통이다 ④ 아니다 ⑤ 전혀 아니다

22. 동성애자는 사회악이다.

① 그렇다 ② 조금 그렇다 ③ 보통이다 ④ 아니다 ⑤ 전혀 아니다

23. 가정이나 직장에서 여성의 발언권이 지나치게 높다.

① 그렇다 ② 조금 그렇다 ③ 보통이다 ④ 아니다 ⑤ 전혀 아니다

24. 남자가 사회생활을 하며 유흥업소에 가는 것은 불가피하다.

① 그렇다 ② 조금 그렇다 ③ 보통이다 ④ 아니다 ⑤ 전혀 아니다

25. 10대의 연애는 위험해서 통제가 필요하다.

① 그렇다 ② 조금 그렇다 ③ 보통이다 ④ 아니다 ⑤ 전혀 아니다

26. 배우자와 성에 관해 이야기하는 것이 부끄럽다.

① 그렇다 ② 조금 그렇다 ③ 보통이다 ④ 아니다 ⑤ 전혀 아니다

• 이제 계산해볼까요? 계산 방법은 다음과 같습니다.

1~26번까지 ① 1점 ② 2점 ③ 3점 ④ 4점 ⑤ 5점

• 체크된 26문항의 점수를 모두 더하세요. 다음은 점수별 풀이입니다.

|  |  |
| --- | --- |
| **70점 미만** | 부모 자신부터 준비가 필요합니다. 부모가 자녀 성교육에 백과사전이 될 필요는 없지만, 성적 주체성 또는 성적 자기 결정권이 뚜렷한 아이로 키우는 것을 목표한다면 어떻게 시작할지 고민하고 공부하는 시간이 필요하겠습니다. |
| **71점~99점 미만** | 대체로 열린 성 인식을 지니고 있습니다. 그러나 내 아이에게는 다른 잣대를 지니고 있지 않은지 점검해보면 좋겠습니다. |
| **100점 이상** | 성에 관해 아이와 이야기 나눌 준비가 됐습니다. 앞으로도 아이와 모든 이야기를 나눌 수 있는 건강한 관계를 기대할 수 있습니다. 점수가 높을수록 성의식도 높습니다. |

*본 체크리스트는 한국여성정책연구원의 '한국형성평등의식조사'와 성에 대한 사회적 통념을 반영하여 구성하였습니다.

지금 몇 점을 받았는지보다 성에 대해 배우려는 태도가 중요합니다. 우리 아이 성교육을 위한 첫걸음입니다.

# 성별 고정관념을 점검해보세요

의식하든 못하든 여자와 남자를 차별하는 경우가 있습니다. '여자가 왜 그렇게 덤벙대?' '여자가 그렇게 기가 세서' '남자애가 겁이 많아서 어쩌니' '남자가 울면 안 되지' '남자라면 이런 건 할 줄 알아야 해' 모두 남녀 차별적인 말입니다. 그러나 남녀의 특징을 딱 자를 수 없고, 한 사람이 여러 특징을 지닐 수도 있습니다.

다음 중 자신을 표현한다고 생각하는 단어를 골라보세요. '남자다운' 혹은 '여자다운' 특징으로 인식되는 단어가 있을 겁니다.

자기주장이 강한 여자아이에게 '여자애가 참 드세다' '너무 설친다' '너무 나댄다'라고 하는 반면에, 자기주장이 강한 남자아이에게는 '리더십이 있네' '나중에 크게 되겠는데' '남자다워 멋있구나'라고 합니다. 이

| | |
|---|---|
| 세다 | 온순하다 |
| 주체적이다 | 털털하다 |
| 얌전하다 | 씩씩하다 |
| 목소리가 크다 | 낯을 가린다 |
| 바지를 입는다 | 조용하다 |
| 안경을 꼈다 | 책 읽기를 좋아한다 |
| 자전거를 탄다 | 요리를 잘한다 |
| 말수가 적다 | 친절하다 |
| 염색을 했다 | 키가 작은 편이다 |
| 꼼꼼하다 | 눈물이 많다 |

런 표현과 인식 이면에는 '여자아이는 조용히 다른 사람의 뒤를 따라야 하고, 남자아이는 다른 사람을 이끄는 리더십 강한 사람이어야 한다'는 메시지가 자리 잡고 있습니다.

그러나 씩씩하지만 눈물이 많을 수도 있고, 목소리는 크지만 말수가 적을 수도 있습니다. 남자의 특징을 나타내는 단어도, 여자의 특징을 나타내는 단어도 따로 없습니다. 남녀의 특징을 한두 단어로 단정지을 수 없고, 한 사람이 여러 특징을 동시에 지닐 수도 있습니다. 우리 모두에게는 여성과 남성에게 어울린다고 인식되는 특징이 골고루 존재하기 때문입니다.

조선 중기 교훈서《삼강행실도》는 여자가 지켜야 할 3가지 덕목을 담고 있습니다. 여자는 어려서 아버지를 따라야 하고, 결혼해서는 남편을 따라야 하며, 나이 들어서는 아들을 따라야 한다는 것입니다. 평생 남자에게 순종적으로 살라는 의미입니다.

지금 21세기 사회는 조선 시대가 아닙니다. 여기는 조선이 아닙니다. 여자의 3가지 덕목도, 암탉이 울면 집안이 망한다고 가르치지도 말하지도 않습니다. 남자와 여자의 할 일을 구분하면 안 된다는 인식도 일반적입니다. 사회가 변화하고 있습니다. 평등한 사회로 나아가고 있습니다.

프랑스 철학자인 시몬 드 보부아르(Simone de Beauvoir)는《제2의 성》(Le Deuxieme Sexe, 1949)에서 "여자는 태어나는 것이 아니다. 여자로 만들어지는 것이다"라고 했습니다. '여자답다' '남자답다'라는 말을 다시 한번 곰곰이 생각해봤으면 합니다. 이런 말은 아이가 자기 욕구대로 행동할 수 없게, 선택할 수 없도록 만듭니다. 부모부터 먼저 아이의 삶에 한계를 짓는 성별 고정관념을 얼마나 지녔는지 점검해보세요.

# 성교육이 우선 필요한 사람은 부모입니다

많은 부모가 성에 대해 자유롭게 말하고 생각하는 걸 어려워합니다. 아이와 원만한 관계를 형성하고 있는 부모도 아이와 '성'에 대해 생각을 나누는 데 움찔하곤 합니다. 아이에게 성에 대해 무엇을 말해줘야 할지, 어떻게 대화해야 할지 고민되고 잘 모르기 때문입니다. 제대로 된 성교육을 받지 못한 채 성장해 어른이 되었기 때문에 내 아이에게 성교육을 시작하려니 더없이 막막합니다.

## 성은 성과 관련된 모든 것을 포함하는 개념

우리 사회에서 일반적으로 성이 곧 섹스(Sex)로 인식되는 이유는 많은 사람이 성에 대해 폭넓게 배운 적 없기 때문입니다. 어렸을 때 성교육을 받아본 적 있나요? 제 기억 속 성교육은 '낙태하면 안 된다'는 내용의 동영상을 본 게 전부입니다.

우리 사회 많은 성인이 지금까지 가정, 학교, 어디에서도 제대로 된 성교육을 접하기 어려웠습니다. 그렇게 성장했고, 어른이 되었고, 부모가 되었습니다. 그러나 이제 우리 아이에게는 적절한 성교육을 해주어야 합니다. 성과 관련된 질문에 답해주어야 하고, 아이가 건강한 성 인식을 형성하도록 도와야 합니다.

성을 섹스로만 생각하는 건 생식기관의 구조로만 남녀를 구별하는 것입니다. 그러나 성은 성행위만이 아닌 그 행위를 둘러싼 다양한 것을 포함하는 섹슈얼리티(Sexuality : 성적인 것 전체)입니다. 일상생활에서 마주하는 다양한 개념과 인식을 포함합니다. 그중 관계적 측면이 가장 중요합니다. 이를테면 누구와 언제, 어디에서 관계를 맺는지에 대한 것입니다. 그 상황에서 서로의 느낌은 어떠한지, 합의에 의한 것인지 폭력에 의한 것인지에 따라 성은 다양하게 규정됩니다. 피임법, 출산시기, 성적 판타지, 성폭력, 동성애 등 다양한 주제를 포괄하는 광의의 개념입니다.

태교하며 말을 건네던 아이가 태어나고, 어느 순간 기저귀를 떼고, 스스로 용변을 보며, 남녀의 신체에 대해 질문하기 시작하고, 엄마(아빠)와 결혼하겠다는 말도 스스럼없이 합니다. 조금 더 성장하면 자신의 꿈과 인간관계 등을 고민합니다. 이 모든 게 일상생활에서 마주하는 성입니다.

있는 그대로의 성을 편안하고 즐겁고 행복하게 느끼는 데 익숙해져야 합니다. 아이가 안전하게 성을 알아갈 수 있도록 지도해주어야 합니다. 성교육을 자연스러운 일상생활 교육으로 생각할수록 아이는 안전합니다. 부모는 아이에게 앞으로 일어날 몸의 변화와 신체 각 기능에 대해 솔직하게 알려줘야 합니다. 부모와 아이가 성에 대해 터놓고 이야기할 수 있어야 합니다.

많은 부모가 성교육의 필요성을 인지하고, 아이와 성에 대해 솔직히 이야기하길 원합니다. 하지만 아이 입에서 나오는 단어 하나에 난감해하고, 자위하는 아이에게 손찌검하기도 하며, 성적 표현물을 본 아이를 혼내기도 합니다. 자신의 성기를 관찰하는 아이가 이상하다며 상담을 받을지 고민하고, 우리 애는 성 같은 데 관심 없다며 현실을 외면하기도 합니다.

자위하는 아이, 성적 표현물을 보는 아이, 성기를 관찰하는 아이에게 문제가 있는 걸까요? 아이에게는 문제가 없습니다. 문제없는 아이를 문제 있게 보는 부모가 문제입니다. 부모에게 성교육이 필요합니다.

우리 사회에는 성 상품화가 범람하지만, 성교육에 대한 사회적 합의가 충분히 이뤄지지 않고 있습니다. 성교육 교재로 〈나다움어린이책〉(여성가족부에서 선정한 책으로 다양성을 인정하고 젠더 감수성을 배울 수 있는 어린이 책)을 추천하면 조기 성애화를 걱정하며 반대하기도 합니다.

문제는 아이가 어른이 성교육을 준비할 때까지 기다려주지 않는다는 것입니다. 성교육이 늦어지는 사이에 아이는 왜곡된 정보를 통해 성을 접하고 경험하게 됩니다. 성은 어른에게만 허용되는 게 아닙니다. 아이도 성을 접할 수 있습니다. 아이가 올바른 성을 알아가도록 하기 위해 어른

아이 구별 없이 함께 성에 관해 이야기 나눌 수 있어야 합니다.

성에는 부정적인 면과 긍정적인 면이 존재합니다. 안타깝게도 많은 사람이 성에 대한 부정적인 태도만을 내면화하고 성에 관심이 있는 사람을 죄인처럼 생각합니다. 이러한 사회에서 성은 대하기에 부끄럽고 껄끄러운 대상이 됩니다.

부모부터 인간의 성을 아름다운 것이라고 당당하게 받아들여야 합니다. 아이가 아름답고 당당한 성을 느낄 수 있도록 부모가 먼저 올바른 성 인식을 지니고 이를 아이에게 전할 수 있어야 합니다.

아이에게 성교육을 할 수 있는 사람은 다양하지만, 부모야말로 아이에게 성을 가장 잘 교육할 수 있는 존재입니다. 아이가 누구보다 먼저 보고 배우는 대상도, 아이의 성장 단계를 누구보다 잘 아는 사람도 부모이기 때문입니다. 부모는 아이의 성장에 맞춰 성을 교육할 수 있습니다. 아이에게 성교육하기에 앞서 부모에게 먼저 성교육이 필요한 이유입니다.

### 성을 대하는 부모의 태도가 중요

성교육은 단순히 성 지식을 습득하는 게 아닙니다. 성교육은 태도에 관한 교육이기 때문에, 성 지식을 쌓는 것보다 성을 대하는 태도를 교육하는 게 중요합니다. 부모가 성을 어떻게 대하느냐에 따라 자녀의 성 인식이 달라질 수 있습니다.

아이가 호기심이 생길 때 가장 먼저 질문하는 대상은 부모입니다. 이

때 부모의 태도가 중요합니다. 성에 관한 질문에 부모가 부정적인 태도를 보인다면 아이는 '이런 질문은 하면 안 되는구나!' '성에 대해 궁금해하는 건 좋지 않구나!'라고 생각하며 왜곡된 성 인식을 갖게 될 수 있습니다.

아이는 많은 시간을 부모 곁에서 보냅니다. 아이가 호기심 가득한 눈으로 신체 부위를 가리키며 '이건 뭐야?'라고 질문할 수 있습니다. 이런 질문을 받으면 부모는 머뭇거리거나 당황하는데, 실은 단순한 문제입니다. 자동차를 자동차라고 하고, 고기를 고기라고 알려주듯이 성과 관련된 것을 설명할 때도 단순하게 설명해주면 됩니다. 다른 것을 알려줄 때처럼 자연스러운 말투와 태도로 답하면 됩니다. 모르면 모른다고 해도 좋습니다. 아이에게 함께 답을 찾아보자고 하면 됩니다. 아이의 질문을 외면하거나 방관하지 않는 태도가 중요합니다.

아이도 성적인 존재입니다. 성에 대한 관심은 나이가 많고 적은지, 여자인지 남자인지와 관계없습니다. 아이가 성에 관심을 가질 수도, 성기를 호기심으로 볼 수도, 자위할 수도 있습니다. 아이를 미숙한 존재로 바라보지는 않은지, 아이가 성적인 존재임을 부정하고 있지 않은지, 부모 스스로 점검해야 합니다.

아이마다 성에 대한 관심이 다를 수 있습니다. 사람마다 역할이나 정체성, 욕망이나 감정이 다르기 때문입니다. 아이 각자 성에 관해서 저마

다의 질문과 호기심, 답을 지닐 수 있습니다.

더불어 사람은 사회적 규칙을 익히는 방법을 배워야 합니다. 다른 사람을 배려하고 존중할 수 있는 규칙을 익혀야 합니다. 아이라고 예외는 아닙니다. 아이가 규칙을 익히도록 차근차근 알려줘야 합니다. 예를 들면, 엄마의 가슴을 왜 만져서는 안 되는지 설명할 때도 마찬가지입니다. "너를 사랑하지만 이런 행동은 안 되는 거야"라고 가르쳐줘야 합니다.

무작정 안 된다고 하기 전에 안 되는 이유를 설명해서 아이의 마음이 규칙을 받아들일 수 있도록 준비시켜주세요. 이를 받아들이는 과정 중 아이가 속상하거나 서운할 수도 있습니다. 쉽게 이해하지 못하는 아이가 계속 질문하더라도 일관된 태도를 취하는 게 필요합니다. 아이는 부모의 태도를 보고, 사람과 사람 사이의 관계와 거리를 알아가고 사회적 규칙을 익히기 때문입니다.

성에 관한 부모의 잘못된 행동이나 태도도 점검해봐야 합니다. 아이의 특정 행동 때문에 고민하는 부모가 있습니다. '다른 애들은 괜찮은데 왜 우리 아이만 이럴까요?' 하기 전에 부모부터 잘못된 행동이나 태도를 보인 것은 없는지 점검해야 합니다.

자위 횟수가 많아졌다며 상담해온 중학생 아이가 있습니다. 아이는 자위할 때마다 엄마를 상상하기 때문에 죄책감이 컸습니다. 그런데 아이와 대화하던 중 예상치 못한 이야기를 들었습니다. 아이 엄마가 옷을 입지 않고 욕실 밖으로 나온다는 이야기였지요. 엄마가 샤워 후에 알몸으로 거실을 돌아다니던 모습을 봐온 아이는 엄마를 성적 판타지의 대상으로 삼고 있었습니다. 거실에 누워있는 엄마의 몸을 만져보고 싶은 충동으로 힘들어했습니다. 아이만을 탓할 게 아니라, 부모의 행동과 태도에는 문제가 없는지 먼저 점검해봐야 합니다.

### 성교육은 일상생활 교육

부모가 보이는 태도가 아이의 성에 대한 태도를 좌우할 수 있습니다. 부모의 인식과 태도부터 돌아보고, 올바르지 않은 인식과 태도는 바꾸도록 꾸준히 노력해야 합니다. 성교육은 경주가 아니라 마라톤입니다. 한 걸음, 한 걸음 옆에서 함께 달리는 페이스메이커가 중요합니다. 부모가 아이의 페이스메이커가 되어줘야 합니다.

아이는 가정생활을 통해서 성 역할을 배우기 때문에 가정생활이 아이의 성 의식에 기초를 형성한다고 할 수 있습니다. 미국의 심리학자 앨버타 반두라(Albert Bandura)의 사회학습이론(social learning theory)에 의하면 아이들은 주위 환경을 통해 성 역할을 배운다고 합니다. 자신을 사랑하고 타인을 존중하는 아이로 성장하길 바란다면, 부모가 먼저 올바른 성 역할과 사랑, 존중이 바탕이 된 부부관계를 보여줘야 합니다.

아이에게 성이 무엇인지 물어본 적 있나요? 아이가 긍정적으로 답했다면 성을 긍정적으로 보는 겁니다. 부정적으로 답했다면 성을 부정적으로 인식하는 것입니다. 아이가 성을 어떻게 이해하는지 점검해보세요. 아이의 성 의식을 점검한 후에 아이에게 균형 잡힌 성을 교육해야 합니다.

부모가 성교육에 대해 차근차근 공부한 후에 아이를 교육하면 됩니다. 아이가 성의 기쁨과 행복을 누릴 수 있도록, 본인이 선택한 것에 책임질 수 있도록 지도해야 합니다. 성에 대해 부모와 아이가 자유롭게 이야기할 수 있는 환경을 조성해주어야겠습니다.

**★중요 포인트★**

성은 성과 관련된 모든 것을 포함하는 개념!
성행위만이 아닌 그 행위를 둘러싼 다양한 것을 포함하는
성적인 것 전체(Sexuality)입니다.

# 부모가 주체적인 삶을 살아야 아이도 주체적으로 삽니다

아이가 삶의 주인으로 행복하게 살길 바란다면, 부모부터 주체적인 삶을 살아야 합니다. 부모의 행복이 아이에게 전해지기 때문입니다. 주체성 강한 부모의 모습을 본 아이가 높은 주체성으로 살아갈 수 있습니다.

스위스 심리학자 칼 융(Carl Gustav Jung)은 "부모가 원하지 않는 삶을 살 때 자녀는 심리학적으로 가장 큰 영향을 받는다"라고 했습니다. 부모가 행복할 때 아이도 행복하다는 것입니다.

자기소개한다고 생각해보세요. 부모라면 자신을 자기 이름이나 특유의 성격, 취향을 드러내 설명하기보다는 '저는 ○○이 엄마(아빠)입니다'라고 소개하기 쉽습니다. 부모로 살아가며 아이에게 많은 걸 맞추다 보니 그렇게 되는 것입니다. 일상에서 자기 이름보다 '누구누구 엄마(아빠)'로 불릴 때가 훨씬 많습니다.

부모의 역할도 물론 중요합니다. 다른 사람의 삶에서 중요한 부분을 차지하고 형성하는 역할이니까요. 다만 개인의 삶이 부모의 역할에만 한정되지 않았으면 합니다. 부모의 역할이 가족을 위한 희생이라는 틀에 갇히지도 않았으면 합니다. 부모도 개성과 욕구를 지닌 '나'라는 주체의 삶을 살았으면 합니다.

부모는 아이가 행복하고, 자기 삶의 주인공으로 살길 바라지요. 부모 자신은 힘들더라도 아이만큼은 힘들지 않길 원합니다. 그렇기 때문에 더더욱 내 아이가 행복하길 원한다면 부모 스스로 자기 삶의 '주인'이 되어야 합니다.

아이는 부모가 자신의 삶과 존재를 대하는 방식을 보며, 자기 삶과 존재를 인지합니다. 부모가 아이의 거울이 되기에 행복한 부모의 모습은 아이의 행복에도 영향을 미칩니다.

아이가 자신을 사랑하고 인정하는 것은 부모의 태도에 달려 있습니다. 부모의 내면에 행복이 가득하고 풍요로우면 아이에게도 전달됩니다. 아이가 행복하려면, 부모가 먼저 주체적인 행복과 삶을 보여줘야 합니다.

양육자에게도 온전히 '나'에 집중하는 시간이 필요합니다. 가족을 위해 시간을 쏟는 만큼 내가 좋아하는 게 무엇인지도 들여다볼 필요가 있습니다. 하고 싶은 게 무엇인지 생각해보고, 실행하는 게 좋습니다.

그저 아이에게 모든 것을 맞추기보다는 부모 스스로 자기 삶의 주인이 되는 게 중요합니다. 주체성 있는 부모의 모습을 보고 자란 아이도 주체성을 갖고 성장할 가능성이 높습니다. 주체성이 높은 아이는 자신을 다른 사람의 시각에 맞추려 하지 않습니다. 스스로 삶의 행복과 존재의 소중함을 느낄 수 있기 때문입니다. 그러니 더욱 부모부터 먼저 자기 삶의 주인이 되어야겠습니다.

# 성교육은 양육자가 모두 함께하는 것입니다

과거에 성교육은 엄마가 하는 것이라는 인식이 일반적이었습니다. 돌봄은 여성의 영역이라고 생각했기 때문인데 이제는 시대가 변했습니다. 육아에 성역이란 존재하지 않습니다. 가정문화를 만드는 건 가족 구성원 모두의 몫이고, 다양한 주체가 평등하게 소통하는 문화를 만들수록 자녀는 안전합니다. 엄마와 아빠 모두 아이가 성에 대해 언제든지 무엇이든 물어볼 수 있는 창구 역할을 해야 합니다.

육아는 '여성의 것'이라는 인식이 바뀌고 있습니다. 아빠와 아이가 함께 출연하는 TV 육아프로그램이 자주 보입니다. 성교육도 육아의 한 부분입니다. 육아와 가사를 함께하듯이 성교육도 엄마와 아빠 구분 없이 함께해야 합니다. 육아도, 육아의 한 부분인 성교육도 아빠가 도와주는 게 아닙니다. 엄마와 아빠가 함께하는 것입니다.

아이가 균형 잡히고 건강한 성 가치관을 지니는 데에는 엄마와 아빠, 양육자 모두의 성교육 참여가 중요합니다. 아이와 평등한 관계 안에서 아이의 정서적 안정과 자율성을 중요하게 생각하는 부모의 역할이 필요합니다.

'알파걸'(Alpha Girls)은 리더십과 활동성이 뛰어나 자신감과 성취감이 높은 여성을 지칭합니다. 미국 하버드대학 아동심리학 교수인 댄 킨들런(Dan Kindlon)의 책《알파걸》(2007, 미래의창)에서 나온 개념입니다. 킨들런에 따르면 알파걸이 탄생할 수 있던 배경에는 적극적으로 육아에 참여한 아버지의 역할이 있었다고 합니다. 그만큼 아버지의 양육이 중요한 것입니다.

미국의 소아청소년과 의학박사이자 자녀교육 상담전문가인 메그 미커(Meg Meeker)는《아들 공부》(2019, 스몰빅에듀)에서 엄마의 사랑 없이 진정한 행복을 누리는 아들은 없다고 합니다. 반사회적 인격은 유전자에서 비롯되기도 하지만 엄마와 유대감이 형성되지 않을 때 더 많이 일어난다고 했습니다. 그만큼 아들에게 어머니의 역할이 중요한 것입니다.

여자인 엄마가 아들에게 성교육하면 여자의 몸이나 심리를 여자 입장에서 섬세하게 설명해줄 수 있어 좋고, 남자인 아빠가 딸에게 성교육하면 남자의 몸과 심리를 남자 입장에서 구체적으로 설명할 수 있어 좋습니다. 아들의 경우도 마찬가지입니다.

아이가 성장하는 데는 엄마와 아빠의 관심이 골고루 필요합니다. 그동안 '성교육은 아이 엄마가 하는 거지' '와이프가 알아서 잘 하겠지!' 하고 아이의 성교육에 관심 없던 아빠라도 앞으로는 동참해주세요. 또한 가정과 가정 이외 학교가 함께 성교육에 참여해야 합니다. 성교육에는 모든 양육자가 동참해야 합니다. 딸은 엄마가, 아들은 아빠가 성별에 따라 구분하여 성교육하는 것도 올바른 방법이 아닙니다. 동성이라서 더 잘 알려줄 수 있는 부분도 있지만, 다른 성이라서 이성을 폭넓게 이해하게 도울 수 있습니다.

딸과 아들의 성교육을 굳이 분리할 필요도 없습니다. 성을 대하는 태도나 가치관에는 성별에 따른 차이가 없기 때문입니다. 성교육은 어디에서 누구에게나 평등하게 진행되어야 합니다. 여성과 남성의 다름을 알고 각각의 성을 생각해보는 것으로 충분합니다. 앞으로의 성교육은 부모와 선생님 모두 함께 성별 구분 없이 참여하고 책임져야겠습니다.

# 아이가 성적인 존재임을 인정해야 합니다

아이도 성적인 존재입니다. 사람은 누구나 성이 있었기에 존재합니다. 그런데 아이를 성적인 존재로 인정하지 않고, 성에 미숙하게만 보는 경우가 많습니다. 아이는 성에 미숙하니 올바른 판단을 할 수 없다고 생각하고, 성에 대해 숨기려고 합니다.

5살 아이가 자꾸 성기를 만진다며 상담해온 엄마가 있습니다. '큰애는 이런 적 없는데' '성에 관심 두는 게 너무 빠른 거 아닌가요?'를 반복합니다. 많은 부모가 아이가 성에 관심을 두면 우리 아이만 유별나게 성에 관심이 많거나 빠른 것 같다고 걱정합니다.

그런데 5살 아이가 성기를 만지는 건 불편한 일이고, 성인이 만지는 건 괜찮은 일인가요? 괜찮은 기준은 무엇인가요? 나이? 성별? 기준은 어디에도 없습니다. 모든 사람은 성적 욕구를 지닌 성적인 존재입니다. 아이도 성에 관련된 행동을 하거나 성에 관해 질문할 수 있습니다.

아이의 성과 관련된 행동에 많은 부모가 부정적 반응을 보이며, 아이 행동을 통제하려고 합니다. 부모는 아이가 어리다고 무성적인 존재로 생각하지만 그렇지 않습니다. 성에 관심 두는 건 인간의 발달과정 중 하나입니다. 발달 중에 경험하는 일로 아이를 나무라는 일은 없어야 합니다. 아이의 발달 수준에 맞게 호기심을 풀어주는 게 부모의 역할입니다. 아이가 성과 관련된 행동을 할 때는 '욕구 표현을 잘하는 아이'로 생각하기 바랍니다.

과거보다 아이들의 신체 발달도, 성적인 발달도 빨라졌습니다. 아이가 성적인 정보를 접하는 시기도 빨라졌습니다. 아이의 성장 발달 속도는 빠르게 변화했지만, 아이의 성을 대하는 어른의 태도는 과거에 머물러 있습니다. 아이를 성적으로 자극하는 게 많아진 만큼 부모는 아이의 성을 이해하고 인정해야 합니다.

어떤 아이든 성적인 행동을 할 수 있다는 사실을 간과하지 마세요. 사람은 나이가 어릴 때는 무성적인 존재였다가 시간이 갈수록 성적인 존재가 되어가는 게 아닙니다. 사람은 태어나는 순간부터 성적인 존재입니다. 아이가 성에 호기심이 있는 건 자연스러운 일입니다. 아이의 성을 존중해 주세요.

더불어 성교육을 완벽하게 시작할 필요는 없습니다. 시작하는 용기가 중요합니다. 제대로 된 성교육 경험이 없는 부모와 호기심이 날로 느는 아이가 성에 대해 대화하는 건 쉽지 않습니다. 처음에는 어색하고 어려울 수 있지만, 부모도 아이도 자연스러운 일로 생각할 수 있게끔 성을 일상생활의 일부분으로 받아들여 보세요.

세상에 완벽한 사람은 없습니다. 완벽한 부모도 없고, 그런 부모가 될 필요도 없습니다. 보통 인간관계에서도 적당한 틈이 있어야 다가갈 수 있잖아요. 아이가 생각지 못한 질문을 해옵니다. "엄마(아빠)도 모르는 게 많아. 엄마(아빠)라고 다 알 수는 없어. 그렇지만 ○○이가 궁금한 게 생기면 찾아보고 이야기해줄게. 언제든지 무엇이든지 질문해도 괜찮아"라고 해주세요. 무엇이든 괜찮다는 말의 영향력은 생각보다 큽니다.

세계에서 10대 임신율이 최저인 나라 중 하나가 핀란드입니다. 핀란드에서는 1970년부터 성교육을 법정 의무교육으로 하고 있습니다. 핀란드 학교와 교육청에서는 소아정신과 및 청소년 의학 전문의인 라이사 카차토레(Raisa Cacciatore)의 《엄마, 나도 사랑을 해요》(부제: 성 지식보다 감정을 먼저 가르치는 행복한 핀란드식 성교육, 2021, 베르단디)를 성교육 지침서로 사용하여 체계적으로 성교육을 진행하고 있습니다. 7~15세에는 피임 교육을 하고, 고등학교에서는 성 소수자의 권리와 같은 성의 다양성에 대해 교육합니다.

성교육은 아이 스스로 자신을 소중히 여기고 사랑하는 능력과 성 지식을 끌어올리는 것입니다. 성교육은 자신뿐만 아니라 타인을 배려하고 존중하는 능력을 키워줍니다. 다른 사람에 대한 공감 능력을 키운다는 것은 인간관계를 배워가는 걸 의미합니다. 더불어 성교육은 발생할 수 있는 성 관련 이슈에 아이가 지혜롭게 대처할 수 있도록 해줍니다.

이처럼 성교육은 아이에게 등대와 같은 역할을 해줄 것입니다. 흔히 등대는 배가 어디로 가야 하는지 가르쳐준다고 생각하지만, 실은 배가 등대를 보고 어디로 가야 하는지를 결정하는 것입니다. 아이가 어둡고 위험한 바다에서 등대를 보며 길을 찾을 수 있도록 이끌어주세요.

**★중요 포인트★**

성교육은 자기 자신과 타인을 배려하고 존중하며 사랑하는 능력을 길러줍니다. 또한 아이의 인생 전반에 걸쳐 계속되는 주제입니다.

# 성교육의 기초는 임신한 날부터 시작됩니다

성교육은 '때가 되었군! 이제 시작해야지'라고 마음을 먹고 시작하는 게 아닙니다. 아이가 배 속에 자리 잡을 때부터 시작되어야 합니다. 아이가 모두 이해하지는 못할 때라도 아이의 존재를 알게 된 날부터 함께 시작되어야 하고 계속되어야 합니다.

임신은 한 아이의 삶이 시작된 것을 의미합니다. 그러니 아이에 대한 성교육은 임신한 날부터 시작되어야 합니다. 푸른아우성 구성애 소장과 같은 성교육 전문가에 따르면 일반적으로는 아이가 태어나면서부터 성교육을 시작해야 한다고 합니다. 성교육은 일상생활 교육이기 때문입니다. 그러나 일상생활 교육은 아이가 태어나야만 가능한 게 아닙니다. 직접 대면하지 않더라도 아이가 배 속에 자리 잡을 때부터 가능합니다.

임신 사실을 알고 가장 먼저 한 일이 무엇인가요? 아마도 '태명'에 대한 고민일 것입니다. 태명을 고민하고 결정하는 것, 임신 관련 책을 구매하는 것 모두 부모로서 준비하는 과정입니다. 이 또한 성교육의 한 부분이죠. 이처럼 성교육의 기초는 임신한 날부터 시작되는 것입니다. 이 또한 성교육의 한 부분이죠. 임신한 날은 아이의 존재를 알게 된 날입니다. 부모로서 많은 변화가 시작되는 날이기도 하지요. 아이의 존재를 인지하는 것만으로도 성교육의 기초는 시작됩니다.

저는 배 속에 있는 아이에게 늘 말을 건넸습니다. "오늘은 하늘에 구름이 가득 끼었네." "엄마가 일하는 곳은 네게 좀 시끄러울 수 있어. 놀라지 마." "엄마 배를 걷어차는 걸 보니 건강하게 잘 있구나!" 그렇게 매일 아이에게 이야기를 건넸습니다. 보통은 주변 풍경이나 상황에 대해 들려주었고, 때로 영어책을 읽어주기도 했습니다. 아이가 부모의 말을 구체적으로 이해하지는 못해도 부모와 교감을 나눌 수 있기 때문입니다.

성교육 역시 일상적으로 이야기하며 자연스럽게 공유하는 게 무엇보다 중요합니다. 이미 아이가 성장한 가정은 상황에 맞게 일상적으로 풀어가면 됩니다. 임신이 과거의 경험이어도 좋습니다. 임신 중이어도 좋습니다. 성교육을 되도록 미리미리 준비하고 실천하자는 것입니다. 그리고 지금이 현실적으로 가장 빠른 때입니다.

성교육은 아이가 모두 이해하지 못하는 때라도 아이의 삶과 함께 시작되어야 하고 계속되어야 합니다. 양육자와 함께 시간을 보내면서 일상에서 느끼고 이야기하는 모든 게 성교육이기 때문입니다. 성교육은 인생 전반에 걸쳐 계속되어야 하는 대화이자 주제입니다.

아이가 성에 관심을 두기 시작하는 나이는 일반적으로 만 3세 전후입니다. 프로이트의 심리성적 발달단계에서 남근기에 해당하는 시기로 성과 성기에 관심을 갖는 때입니다. 그러나 저는 태교할 때 성교육의 기초를 다진다는 마음으로 연습하고 시작하라고 말씀드립니다. 아이가 태어나 성장하는 모든 순간 계속되어야 하니까요. 성교육은 임신한 날부터 아이가 태어나 성장하는 모든 순간 계속되어야 합니다. 부모는 아이가 배 속에 자리 잡은 순간부터 많은 것을 아이에게 집중합니다. 성교육도 아이를 사랑으로 돌보는 과정 중 중요한 부분입니다.

PART 2

# 성교육은 인권 존중 바탕의 태도교육

FAMILY

# 인권 존중의 시각으로 성교육해야 합니다

사람이 사람을 존중하는 것은 관계의 기본입니다. 서로 의견이 다르더라도 상대를 존중해야 합니다. 성교육도 마찬가지입니다. 가장 중요한 기본 원칙은 '존중'입니다. 존중받고 싶다면 내가 먼저 존중해야 합니다. 성교육은 모든 사람을 성적 주체로 존중하는 것입니다.

누구에게나 나답게 행복하게 살 권리가 있습니다. 이것이 인권입니다. 성별이나 피부색, 장애 유무 등을 따질 필요 없습니다. 개인의 인권 그리고 성 인권이 지켜져야 할 뿐입니다. 저마다 선택한 삶의 방식이 다를 수 있습니다. 성을 배우는 것은 인간의 존엄을 알고 지키는 것이기에 중요합니다. 성교육은 생활교육이며 인권교육입니다.

성교육 강의 때 한 남성 청자가 늦은 밤에 홀로 걸을 때 느끼는 두려움이 있다고 했습니다. 갈 길을 가는 것뿐인데 앞에 걷는 여성분이 오해하고 자꾸 힐끔힐끔 쳐다보는 시선이 불편하고 두렵다고 했습니다. 그럴 수 있습니다. 이런 상황에서는 '거리의 존중'을 시도해보는 게 어떨까요?

뒤에서 걷던 남성분이 잠시 멈추었다가 가는 것입니다. 사회적으로 남성보다 약자인 여성은 막연한 두려움을 지닐 수 있습니다. 남성 입장에서는 억울하고 불편할 수도 있지만, 이를 존중해주면 어떨까요? 존중하는 거리를 두면 서로가 더 안전할 수 있고, 각자 괜한 두려움에서 벗어날 수도 있습니다.

유치원이나 학교 '운동회'에서 빠지지 않는 게임 중 하나가 '달리기'입니다. 휠체어를 탄 장애아가 있다면 어떨까요? 그 아이가 꼴찌를 하는 건 굳이 뛰어보지 않아도 누구나 가늠할 수 있습니다.

그런데 운동회에서 꼴찌로 달릴 수밖에 없는 장애인 친구를 위해 손을 잡고 함께 결승선을 넘은 아이들도 있습니다. 2014년 제일초등학교에서 실제 일어난 일입니다. 매년 달리기를 할 때마다 꼴찌여서 상처받아온 친구의 마음을 알고 다같이 1등을 하기로 마음먹고 함께 달린 것이죠. 친구를 배려하고 존중할 줄 아는 아이들입니다.

성교육은 성 인권교육입니다. 모든 사람을 성적 주체로 존중하는 것입니다. 인권 존중을 기본으로 하는 성 인식은 저절로 자라지 않습니다.

어릴 때부터 차근차근 교육해야 합니다. 많은 부모가 자녀에게 다양한 분야에서 교육의 기회를 제공하고자 합니다. 영어, 수학, 코딩, 한자, 피아노, 발레, 태권도, 미술 등 다양합니다. 이런 교육도 중요하지만, 그에 앞서 조기 성교육이 필요합니다. 다른 교육에 앞서 사람에 대한 존중과 올바른 인식이 필요하기 때문입니다.

성교육은 성을 생물학적으로 이해하는 것만이 아닙니다. 성교육은 성을 포함한 사람의 존재에 대한 존중이 바탕이 되는 교육입니다. 관계에 관한 교육입니다. 그러니 존중과 인권을 바탕으로 성교육을 시작하세요. 어렸을 때부터 인권 존중 교육을 받은 아이는 자신을 인권을 지닌 주체로 존중하며, 자기 존재를 긍정하게 됩니다.

# 성 평등 관점으로 성교육해야 합니다

우리 사회는 흔히 '가늘고 긴 팔과 다리' '하얀 피부' '긴 생머리'의 여성을 매력적으로 봅니다. 그에 반해 매력적인 남성은 '다부진 몸매' '넓은 어깨' '王자 복근'의 이미지입니다. 그러나 이런 이미지는 인간의 신체 특성일 뿐입니다. 아이가 성 평등한 관점을 지니길 바란다면 부모부터 모범을 보여주세요. 균형 잡힌 시각과 평등한 관점은 가정의 성교육에서 시작되는 것입니다.

2020 도쿄올림픽을 사회적으로 인식하는 키워드 중 하나가 '젠더'였습니다. 성 평등 올림픽을 선언했고, 여자 선수의 참가율이 48.5%에 이르렀습니다. 1896년 제1회 아테네 올림픽에는 남자 선수만이 참가할 수 있

었고, 1900년 파리 올림픽에서 여자 선수의 출전이 처음 허용되었습니다. 그러나 전체 참가 선수 997명 중 여자 선수는 22명에 불과했습니다. 2016년 리우데자네이루 올림픽에서는 여자 선수의 참가율이 45%였습니다. 2020 도쿄올림픽은 역사상 가장 많은 여자 선수가 참가한 올림픽으로, 트랜스젠더 선수가 출전하기도 했고 혼성 종목도 늘었습니다.

이번 올림픽에서 대한민국에 첫 금메달을 안겨준 종목은 안산 선수가 참가한 양궁 혼성단체전이었습니다. 과거 올림픽에는 남성과 여성이 각각 출전하는 종목이 많았다면 지금은 점차 줄어들고 있습니다. 성 평등 인식을 반영한 종목이 신설되고 있기 때문입니다. 2020 도쿄올림픽에서 수영은 혼계영이, 탁구는 혼합복식이, 유도는 혼성 단체전이, 철인3종은 혼성 단체계주가, 육상은 혼성계주, 사격에서도 혼성 종목이 신설되었습니다. 성 평등 사회로 나아가는 흐름을 보여주는 겁니다.

그러나 2020 도쿄올림픽에서도 여전히 성차별적인 인식이 엿보이는 부분도 있었는데, 그중 하나가 경기복입니다. 비치발리볼 종목에서 여자 선수에게는 비키니를 입게 하고 남자 선수에게는 반바지를 입도록 해 논란이 되었습니다. 지금은 성차별적 경기복 규정이 없는 배드민턴 종목에도 과거에는 여자 선수에게 미니스커트를 요구하는 규정이 있었습니다. 이러한 규정은 불평등할 뿐 아니라 성차별적입니다. 경기복은 좋은 경기력을 뽐낼 수 있도록 선수의 특성에 맞게 자유롭게 선택할 수 있어야 합니다.

2020 도쿄올림픽 양궁 국가대표 안산 선수의 헤어스타일에 대한 논란에서도 성차별적 인식이 드러납니다. 단정하고 깔끔한 안 선수의 숏컷 헤어스타일을 문제 삼아서, 안 선수가 페미니스트이며 남성 혐오자라고 주장하고 금메달을 반납하라는 국민청원까지 한 이들이 있습니다(이를 외신에서는 '온라인 학대'라고 비판했습니다). 아직은 높지 않은 우리 사회 젠더 감수성(성 인지 감수성)을 엿볼 수 있는 지점입니다.

## 성차별적 표현과 인식

어린이집과 유치원의 전통요리 수업에서 헬퍼 역할을 할 때면 아이들에게서도 성차별적 인식을 엿볼 수 있습니다. 요리 수업이니 아이들에게 앞치마와 두건을 둘러주면 많은 아이가 '앞치마는 엄마가 하는 거잖아요' '요리는 엄마가 하는 건데' '이런 건 여자가 하는 거잖아요'라고 말하곤 합니다. 아이들 발언에서 우리 사회의 성 인식을 엿볼 수 있습니다.

모두 성에 대한 고정관념일 뿐입니다. 그런데 이런 고정관념은 일상 깊숙이 스며들어 시간이 지날수록 더욱더 고정되고 사회 부작용을 낳는 문제가 있습니다. 특히 부모로부터 형성된 고정관념은 생각보다 바꾸기 어렵습니다. 성을 대하는 부모의 태도가 중요한 이유입니다.

자기감정에 얼마나 솔직한가요? 감정에 있어 성별 고정관념을 지니지는 않았나요? 눈물 흘리는 남자아이와 여자아이를 달리 대한 적은 없나요? 우리 사회는 여자아이의 눈물에는 유독 관대합니다. 반면 남자아이에게는 눈물을 보이면 안 된다고 합니다. 남자는 자기감정을 드러내면 안 된다고 배워왔습니다.

눈물은 감정표현 중 하나일 뿐이고, 감정을 드러내는 건 자연스러운 일입니다. 남자라는 이유로 참아야 하는 건 없습니다. 여자라는 이유로 받아줘야 하는 것도 없습니다. 여자다운 행동이나 남자다운 행동은 없습니다.

여자가 남자보다 우월하지 않습니다. 남자도 여자보다 우월하지 않고요. 서로 다르지만, 사람은 누구나 다양한 성질을 가지고 있습니다. 이것은 지극히 정상이고, 건강한 것입니다.

'여자치고 잘하네' '웬만한 남자보다 낫다' '여자 아닌 것 같은데'라는 말을 흔히 합니다. 그런데 웬만한 남자는 어떤 남자일까요? 어떤 여자는 남자보다 나은 여자이고, 어떤 남자는 여자보다 못한 남자가 됩니다. 우리가 규정하는 여자 같은 여자는 누구일까요? 남자 같은 남자는 어떤 사람일까요? 무언가를 '잘하는 사람'이 '남성'일 필요도, '여성'일 필요도 없습니다.

'여자애가 왜 그렇게 덤벙대?' '여자답게 얌전히 있어' '남자애가 뭔 말이 그렇게 많아? '남자가 그렇게 소심하면 어떡해?' '남자가 그것도 못해?' 이런 말은 여자아이와 남자아이를 차별하고 다른 태도로 대하는 것입니다. 아이의 성별에 따라 아이에게 기대하는 바가 다르다는 뜻입니다. 이런 말을 부모에게 들어온 아이는 사회에서 정해놓은 기대에 맞춰 성차별적 인식을 지닌 채 살아갈 수 있습니다.

남자라는 이유로, 여자라는 이유로 은연중에 사용되는 차별적 표현이 있습니다. 아이를 키우며 남자는 고추가 있고, 여자는 고추가 없다고 말하는 것도 그중 하나입니다. 이는 적절한 표현이 아닙니다. 남자에게는 음경과 고환이 있고, 여자에게는 소음순과 대음순이 있는 것입니다. '있다'와 '없다'로 표현될 부분이 아닙니다. 남자와 여자 모두에게 성기가 있습니다. 사람은 누구나 성별 관계없이 평등하다고 존중할 수 있는 의식을 키워야 합니다.

서울시여성가족재단에서는 2018년부터 매년 성 평등 주간(9월 1~7일)에 〈성평등 언어사전〉을 발표합니다. 〈성평등 언어사전〉은 무심코 사용하던 성차별 언어를 시민의 참여와 제안으로 평등하게 바꿔나가자는 취지로 배포되는데, 시민이 직접 참여하여 개선했다는 점에서 그 의미가 큽니다. 앞으로는 일상생활에서 〈성평등 언어사전〉을 참고하면 좋겠습니다.

가정에서부터 성별 고정관념에 얽매이지 않도록 교육해야 합니다. 아이를 특정한 틀에 가둬 키우면, 성장하여 자신과 타인에게 올바르지 않은 인식과 태도로 상처 줄 수 있습니다.

사람은 모두 다르게 태어납니다. 각기 다른 성을 지니고 다른 곳에서 태어나 다른 데서 살아갑니다. 피부색이 다르거나 다른 언어를 사용할 수도 있습니다. 이것이 '차이'입니다. 다른 사람을 이해하는 첫걸음은 바로 차이를 인정하는 것입니다. 피부색이나 인종, 성 정체성이 다르다는 이유

◆서울시 성평등 언어사전

| 기존 언어 | 바뀐 언어 | 바꾼 이유 |
|---|---|---|
| 여의사, 여배우,<br>여직원 등<br>여자고등학교 | 의사, 배우, 직원 등<br>고등학교 | 직업 등 앞에 붙이는 '여' 빼기<br>남자 고등학교라고 표현하 지 않는 것처럼 '여자'라는 표현 빼기 |
| 처녀작,<br>처녀 출전 | 첫 작품, 첫 출전 | 일이나 행동 등을 처음으로 한다는 의미의 '처녀'를 빼고 '첫'으로 쓰기 |
| 유모차 | 유아차 | 육아 개념에 반하는 모(母)를 빼고 유아를 중심으로 표현하기 |
| 저출산 | 저출생 | 여성이 아기를 적게 낳은 것이 아니라 아기가 적게 태어난다는 의미로 바꾸기 |
| 미혼 | 비혼 | 결혼을 못 한 게 아니라 안 한 거라는 의미로 바꾸기 |
| 자궁 | 포궁 | 특정 성별이 아니라 세포를 품은 집이라는 의미로 바꾸기 |
| 맘스 스테이션<br>맘 카페 | 어린이 승하차장<br>육아 카페 | '맘'(Moom) 아니라 실제 이용하는 어린이를 주체로 사용하기 |
| 분자, 분모 | 윗수, 아랫수 | 엄마와 아들로 빗대지 않고 객관화된 표현 쓰기 |
| 수유실 | 아기 쉼터 | 남성의 거리낌을 없애고 모두가 아기를 돌보는 공간이 될 수 있도록 바꾸기 |
| 낙태 | 임신 중단 | 여성이 임신 과정에서 주체적으로 선택한다는 의미로 순화하기 |
| 스포츠맨십 | 스포츠정신 | 성별 구분 없는 표현 쓰기 |
| 효자상품 | 인기상품 | '효자'로 비유하기보다 인기가 많은 현상 그대로 표현하기 |
| 아빠다리 | 나비다리 | 아빠뿐 아니라 모두 다 앉는 자세로, 모양이 나비와 같아서 |
| 외할머니 | OO 할머니 | 밖에 있는 할머니가 아니기에 거주지역을 넣어서 부르기<br>예) 전주할머니, 안동할머니 등 |

로 편견과 차별을 정당화하는 경우가 있습니다. 차이를 가장하여 다른 대우를 한다면 그것은 '차별'입니다.

성 평등은 모두에게 똑같은 기회를 주는 게 아닙니다. 1:1로 똑같이 나누는 것을 의미하지도 않습니다. 성별에 따른 차이가 없다는 것도 아닙니다. 차이는 있을 수밖에 없습니다. 차이는 있지만, 그 차이 때문에 차별이 발생하면 안 된다는 겁니다. 누구나 동등한 권리를 갖고 함께 살아갈 수 있어야 한다는 뜻입니다.

성교육에 있어 평등의 관점은 너무나 기본적입니다. 이는 개인과 사회의 안전을 위해서도 중요한 요소입니다. 성차별적 교육은 아이의 주체성을 빼앗거나, 아이의 폭력성을 키울 수 있습니다. 부모가 여자와 남자를 차별하는 언행을 하지는 않는지 스스로 돌아보아야겠습니다.

사람을 성별에 따라 달리 대우하는 건 옳지 않습니다. 누구나 각기 다른 삶의 방식, 취향, 기호를 존중하는 태도가 필요합니다. 모두 동등한 사람임을 인정해야 합니다. 성차별적 인식은 굴절된 창으로 세상을 보는 것과 같습니다. 성 평등한 관점으로 세상을 바라보세요.

# 성별 고정관념에서 벗어난 가정을 만들어주세요

'나'라는 단어는 성별을 넘어 그 사람의 본질입니다. 여자로서 남자로서가 아닌 있는 그대로의 아이를 존중하려면 성별 고정관념에서 벗어난 가정환경을 만들어야 합니다.

우리 사회에서는 아이 성별에 따라 물건의 종류와 색을 구분하는 경우가 있습니다. 마트 장난감 코너에서 여아용과 남아용으로 장난감 종류를 구분하거나, 성별에 따라 장난감의 색을 구분한 것을 심심치 않게 볼 수 있습니다.

여아는 집안일이나 화장하는 인형 놀이를, 남아는 로봇이나 자동차 놀이를 하게 하거나 여아에게는 분홍색 옷을, 남아에게는 하늘색 옷을 입히기도 합니다. 아이는 이런 구분을 바탕으로 성 고정관념을 받아들이게 됩니다. 어른이 만들고, 팔고, 사준 장난감을 통해서 아이의 성 인식이 고정되는 것입니다.

민간 성 평등 연구기관인 평등조치 2030 (EM2030)의 2019년 지속가능발전목표(SDG) 〈성 평등 지수 보고서〉에 따르면 전 세계 129개국 중 가장 성 평등에 가까운 나라는 1위 덴마크, 2위 핀란드, 3위 스웨덴입니다. 스웨덴에는 '이갈리아'(Egalia) 유치원이 있습니다. 이갈리아는 스웨덴 말로 '평등'을 뜻합니다. 이갈리아 유치원에서는 아이들에게 신데렐라나 백설공주와 같이 예쁜 여자가 멋진 왕자를 만나 행복하게 산다는 내용의 동화책을 보여주지 않습니다. 대신 다양한 가족의 모습을 담은 동화책을 읽게 합니다. 아이가 없는 기린 한 쌍이 버림받은 악어를 입양하거나, 한 부모 가정, 동성 커플 가정의 모습을 담은 동화책입니다.

아이는 성 중립적인 동화책을 바탕으로 자연스럽게 '다양성'을 인정하고 존중하는 법을 받아들입니다. 다양한 사람과 삶을 존중하는 사람으로 성장할 수 있는 기틀을 마련합니다. 성 역할 교육을 넘어 아이에게 다양한 삶의 가능성을 보여줌으로써 아이가 원하는 삶을 찾아가게 해주는 것입니다. 아이의 책장을 점검해보아야 합니다. 아이를 위한 동화책이 고정관념이라는 틀에 아이를 가둘 수 있기 때문입니다.

요즘 아이들은 과거에 비해 이른 나이에 연애를 시작합니다. 연애를 시작하는 시기는 빨라졌지만 그 문화나 풍속에는 변화가 그리 많지 않은 것 같습니다. 남자아이가 멋진 선물과 이벤트를 준비하고 여자아이는 외모를 가꾸고 멋진 이벤트를 받는 정형화된 모습이 아직 보입니다.

명절에도 성차별적 인식을 엿볼 수 있습니다. 아직도 많은 가정에서 여자가 음식을 만들고 상을 차리고 설거지를 도맡아 합니다. 많은 여성이 명절증후군을 겪습니다. 명절에 여자 쪽 부모보다는 남자 쪽 부모를 먼저 찾아가는 경우가 많습니다.

성별과 관계없이 어떤 일이든 누구의 몫으로 고정하지 않고 함께해야 합니다. 여자에게 남자에게 맞는 역할은 없습니다. 성별에 어울리는 능력도 성격도 없습니다. 자기다움에 중심을 두면 됩니다. 그래야만 자유로운 사람이 될 수 있습니다. 틀에 갇히지 않고 나답게 살 수 있습니다.

부모는 아이가 성별과 관계없이 무엇에든 도전할 수 있는 용기를 지니게 해줘야 합니다. 각자가 지닌 능력과 힘을 발휘할 수 있도록 아이를 있는 그대로 인정해주는 게 필요합니다. 있는 그대로의 모습이 가장 자연스럽고 매력적입니다. '나'라는 단어는 성별을 넘어 그 사람의 본질입니다.

성별에 따라 역할을 정하고 말하고 행동하라고 요구하는 것은 큰 짐이 되고 맙니다. 아이에게 '여자(남자)에게 그런 건 어울리지 않아'라는 짐을 짊어지게 하지 마세요. 대신 '너는 할 수 있어'라고 지지하고 응원해주세요. 아이에게 '짐'이 아닌 '힘'이 될 겁니다. 여자로서 남자로서가 아닌 있는 그대로의 아이를 존중해주고 성별 고정관념에서 벗어난 가정환경을 만들어주세요.

소풍 가는 아이의 도시락을 엄마가 준비하는 데서 엄마와 아빠가 함께 시장을 보고, 재료를 손질하고, 도시락을 싸는 것으로 바꿀 수 있습니다. 그동안 아이의 유치원이나 학교 준비물을 엄마만 챙겨왔다면 이제 엄마와 아빠가 함께 체크하여 준비할 수 있습니다. 유치원이나 학교에서 진행하는 부모 교육에 엄마만 참석하는 것에서 엄마와 아빠가 함께 참석할 수도, 아빠만 참석할 수도 있습니다. 성별 고정관념에서 벗어난 가정환경은 만들기 나름입니다.

결혼기념일을 기념하는 데 있어 남자는 멋진 선물과 이벤트를 준비하고 여자는 예쁘게 꾸미고 선물과 이벤트를 기다리는 데서 나아가 서로 축하하고 위할 수 있는 방법을 찾아보면 좋겠습니다. 명절에 여자만 음식을 만들고 상을 차리고 설거지하는 데서 남녀 모두 함께 명절을 준비하는 것으로 나아갈 수 있습니다.

**★중요 포인트★**

**성 평등한 인식은 다양한 사람과 삶을 존중하는 한편, 자기다움에 중심을 두는 것입니다.**

# 젠더 감수성을 반영해서 성교육해야 합니다

젠더 감수성(성 인지 감수성)이라는 단어는 요즘 우리 사회에서 꽤 사용되고 있지만, 많은 사람이 아직 그 의미를 정확히 알지 못하는 개념입니다. 우리 사회에 안정적으로 합의된 젠더 감수성에 대한 정의가 없기 때문입니다. 법 제도적 판례나 문헌에서 서로 다른 정의를 내리고 있어 합의된 정의가 없습니다. 더불어 성 인지 감수성이라는 용어는 사실에 기초한 기술보다는 가치평가에 관한 기술이므로 정의하는 주체에 따라 다르게 사용되고 있기 때문입니다. 이제 중요한 것은 합의된 정의보다 젠더 감수성을 점검하고 높여야 더 나은 사회로 나아갈 수 있다는 점입니다.

젠더 감수성은 일상생활에서 차별과 불균형이 발생할 때, 성별 간에 차이로 발생하는 것인지 아닌지를 인지하는 감수성입니다. 평상시 생각하고 말하는 데 성별 고정관념이 얼마나 영향을 미치는지에 대한 것입니다. 젠더 감수성은 성별에 대해 당연하다고 생각했던 것, 자연스럽다고 생각했던 것에 어떤 고정관념이 숨어 있는지 따져보는 것입니다.

지금 우리 사회는 젠더 감수성이 높은 사회로 향해 가는 과도기에 있습니다. 현대리서치연구소가 전국 유권자 1208명을 대상으로 조사한(2021년) 결과에 따르면, 40대는 47.6%가 '빈부갈등'이 가장 심각하다고 답했고, 20대는 42.0%가 '남녀갈등'이 가장 심각하다고 답했습니다. 남성은 '여성과 남성은 같은 조건인데 여자라는 이유로 대접을 받는다'고 주장하고, 여성은 '여성이 가해한 것도 아닌데 왜 여성에게 뭐라고 하는지' 의문이라고 합니다.

이러한 입장 차이 때문에 갈등이 발생하고 있습니다. 지금의 젠더갈등은 미투운동 이후에 찾아온 과도기적 현상입니다. 특정한 성별을 위한 게 아니라 모두를 위한 사회로 나아가는 과정 중에 생긴 것입니다.

앞으로 아이들이 살아갈 사회에는 지금보다 젠더 감수성이 더 높아질 것입니다. 그러니 아이가 민감한 젠더 감수성을 지닐 수 있도록 지도해주어야 합니다. 그러기 위해서 부모부터 젠더 감수성에 대한 민감도를 높이고, 어떤 성 역할 고정관념을 지녔는지 점검해야 합니다.

마음에 드는 여성에게 계속 찔러보라, 구애해보라는 말이 있습니다. 열 번 찍어 안 넘어가는 나무 없다는 속담을 인용합니다. 그러나 이제 이런 행동은 괴롭힘이자 스토킹이 될 수 있습니다. 남자는 세 번만 울라는 말도 있습니다. 그러나 살다보면 울 일이 꽤나 있습니다. 억울해서, 이별해서, 기뻐서 울 수 있습니다. 울고 싶으면 언제든지 울 수 있고, 이는 자연스러운 일이지 부끄러운 게 아닙니다.

비행기 티켓 성별(Sex) 확인란을 유심히 본 적 있나요? 이전에는 남자와 여자, 단둘로 구분했습니다. 다른 섹스와 젠더는 없는 것처럼 표기했습니다. 방송인 하리수의 주민등록번호 뒷자리는 이제는 변경되어 2로 시작한다고 합니다. 즉 여성으로 인정하는 것입니다. 그녀는 주민등록번호 뒷자리가 변경되기까지 비행기 티켓 성별 칸에 뭐라 표기해야 했을까요? 여성으로? 혹은 남성으로? 그때마다 어떤 일이 벌어졌을까요? 그 마음은 어땠을까요?

요즘은 비행기 티켓 성별 확인란에 '여성'을 나타내는 F와 '남성'을 나타내는 M 이외에 '제3의 성'(Nonbinary)을 나타내는 X가 있습니다. 미국의 경우에는 비행기 티켓뿐 아니라 운전면허증, 출생증명서에도 '제3의 성'을 표기할 수 있게 합니다. 성기 형태에 따라 정체성을 단정 짓는다면 차별이 발생하기 때문에 이와 같은 변화로 나아가는 것입니다. 과거와 같은 성별 표기는 누군가를 곤란하게 만들 수도, 소외를 느끼게 할 수도 있기 때문입니다.

요즘은 임신을 설명할 때도 젠더 감수성을 반영하여 각각 정자와 난자의 측면에서 설명합니다. 과거에는 수많은 정자와 경쟁을 통해 가장 강한 정자가 살아남는다고 표현했습니다. 지금은 수많은 정자와 경쟁하는 게 아니라 정자들이 난자와 수정할 하나의 정자를 선택해서 수정하는 것으로 설명합니다. 과거에는 난자가 정자를 기다린다고 수동적으로 설명했지만, 지금은 난자가 선호하는 정자를 고른 뒤 문을 닫는다고 표현합니다.

공중화장실을 어떻게 찾아가나요? '남자 화장실' 혹은 '여자 화장실'이라는 텍스트인가요? 아니면 특정 이미지인가요? 이제까지 공중화장실은 일반적으로 텍스트보다는 이미지로 구분됐습니다.

파란색 사람이 남자 화장실을, 치마를 입은 빨간색 사람이 여자 화장실을 상징했습니다. 이와 같은 이미지로 화장실을 구분하는 게 당연시됐습니다. 그러나 여자라고 반드시 치마를 입을 필요는 없습니다. 남자는 파랑, 여자는 빨강으로 규정될 필요도 없습니다. 최근 공중화장실 구분에도 젠더 감수성이 반영되고 있습니다.

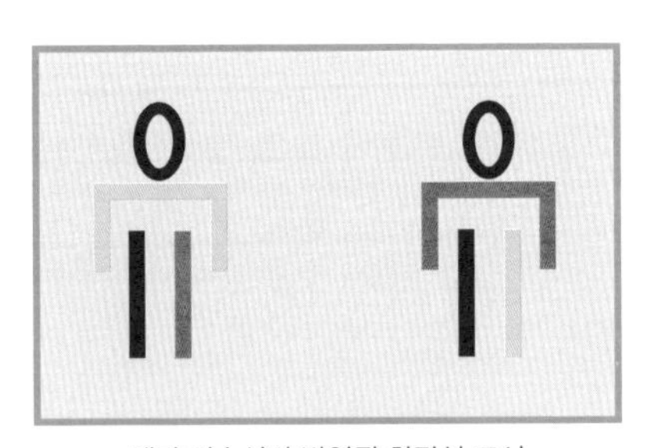

젠더 감수성이 반영된 화장실 표시

그동안 봐온 공중화장실의 이미지와 사뭇 다릅니다. 남성과 여성을 성별에 따라 인식되어온 색과 형태로 규정하지 않았습니다. 성별과 관계없이 같은 색을 사용하여 나타냈습니다. 이런 이미지가 화장실을 이용하는 데 구분이 어려워 불편하다는 의견도 있습니다. 그럴 수 있습니다.

중요한 것은 당연하게 생각하던 색상과 형태에 대해 고민하기 시작했다는 점입니다. 감수성은 당연한 것에 관한 고민입니다. 지금 당장은 불편할 수 있지만 이러한 변화의 시작이 모여 좀 더 평등한 사회로 나아갈 수 있습니다. 당장 편한 것보다는 평등한 것, 함께할 수 있는 것으로 나아가는 게 더 큰 의미를 지닐 것입니다. 그러니 이러한 변화는 앞으로도 계속될 것입니다.

긍정적인 변화의 모습이 앞으로 우리 아이가 살아갈 사회의 반영입니다. 지금보다 더 깊은 젠더 감수성이 필요합니다. 젠더 감수성이 높은 사회를 형성하고 이에 잘 변화해야 합니다. 변화가 필요한 시점입니다. 그러니 부모의 젠더 감수성부터 점검하세요. 문제가 있는 지점을 찾아내고 바꿔야 합니다.

과거와는 달리 요즘은 성차별적 언행을 점검하는 분이 많아졌습니다. 여성을 외모로 평가하거나, 남성에게 감정적 표현을 제한하거나, 장애인이나 성 소수자를 차별하는 언행 등이 문제임을 의식하게 된 것입니다. 어떤 존재도 성이나 장애를 이유로 차별해서는 안 됩니다.

사람마다 세상을 바라보는 관점이 있습니다. 관점이 차별적이면 누군가에게 상처를 줄 수도, 누군가로부터 상처를 받을 수도 있습니다. 어떤 신체조건이나 성 정체성을 지녔든 모두 함께 차별 없이 건강하게 살아가야 합니다. 감수성이 충만한 사람은 다른 사람이 이해 못 하는 것을 이해합니다. 타인의 아픔이나 슬픔까지 감지할 수 있습니다.

젠더 감수성은 기존에 당연하다고 인식하던 사고방식을 바꾸고 확장해야 키울 수 있습니다. 젠더 감수성 없이 존중할 수 없습니다. 가정에서부터 젠더 감수성을 반영한 성에 대해 설명해주세요. 충만한 젠더 감수성을 지닌 아이로 성장하도록 이끌어주세요.

**★중요 포인트★**

**젠더 감수성은 성별 고정관념이 얼마나 영향을 미치는지에 관한 것. 성별에 대해 당연하다고 생각했던 것, 자연스럽다고 여겼던 것에 어떤 고정관념이 숨어 있는지 따져보는 것입니다.**

# 소수자에 대한 편견을 점검해보세요

나와 다른 사람을 나의 정체성 기준만을 바탕으로 재단하고 있지 않나요? 세상에는 다양한 사람이 있고 그만큼 다양한 정체성이 있습니다. 나와 다른 사람을 만나면 열린 마음으로 대할 수 있어야 합니다. 나와 다르다는 이유로 다른 사람을 차별해서는 안 됩니다. 각자의 '다른' 정체성을 소중히 대해야 합니다.

## 성 소수자에 대한 편견 점검

각자의 '다른' 정체성을 소중히 대해야 하는데, 우리 사회에는 주류와 비주류로 구분하고 비주류를 차별하는 인식이 존재합니다. 성 소수자, 장애인과 같은 소수자에 대한 편견입니다.

배아가 발달하는 7주 동안 남녀 태아의 외형이 같다는 사실을 아시나요? 이 시기 태아의 성기는 남녀 특징을 모두 갖추고 있습니다. 7주가 지나서야 일부 성의 특징이 퇴화합니다.

보통은 성기 형태로 섹스를 규정합니다. 그러나 모든 사람이 성기로 남자나 여자로 구분될 수 있게 타고나는 것은 아닙니다. 간성(間性. intersex : 생물의 1개체가 자형이나 웅형이 아닌 중간 형태·성질을 지닌 것)은 외부 성기의 형태가 남자나 여자로 구분하는 성기 형태와 일치하지 않는 것을 말합니다. UN의 자료에 의하면 전체 인구의 1.7%가 간성이라는 통계가 있습니다.

이처럼 출생 이후에도 두 가지 성을 모두 지니고 성장할 수도 있습니다. 여성과 남성이라는 성 정체성 외에 다른 성 정체성이 존재할 수 있습니다. 그러나 성 정체성과는 관계없이 사람에게는 태어나면서부터 나답게 살 권리가 있습니다. 남성이든 여성이든 간성이든 동성애자든 장애인이든 관계없이 모든 사람의 인권은 지켜져야 합니다.

우리 사회에는 이성애가 주류라는 인식이 일반적입니다. 이성애 중심 사회에서 살기 때문에 이성 간의 사랑만이 당연하다고 여깁니다. 동성 간에는 우정에 바탕을 둔 관계만이 정상적이라고 생각합니다.

동성애를 인정하면 동성애자가 많아지고 아이가 동성애자가 될까 우려하는 부모도 있습니다. 이러한 인식도 올바르지 않고, 아이가 동성애자를 본다고 동성애자가 되지도 않습니다. TV에 나오는 동성애자를 보고 아이가 따라 한다면, 드라마에 자주 등장하는 악역은 어떤가요? 우리 사회에서 악역이 등장하는 장면은 동성애자가 등장하는 횟수와는 비교도 안 될 만큼 많습니다. 악역을 본다고 악인이 되지는 않습니다.

한 육아 카페에 방송인 홍석천을 언급하며 동성애자를 변태적으로 표현한 게시물이 업로드된 적 있습니다. 동성애자의 존재 자체를 부정하는 글이었습니다. 게시물에 '인간의 존엄'을 언급하며 동성애자라는 이유로 혐오하는 것은 부당하다는 반박 댓글이 많이 달리자 예상치 못한 반응에 놀란 글쓴이는 급기야 사과 글을 게재했습니다. 과거와 비교해 격세지감을 느낄 수 있는 사례입니다.

한국보건사회연구원의 〈사회적 소수자에 대한 한국인식의 연구〉(2019)에 따르면, 대중매체를 통해 간접적으로 성 소수자를 접촉했을 때는 성 소수자에 대한 편견이 높은 반면에, 성 소수자를 직접 접촉했을 때는 편견이 감소하는 것을 확인할 수 있습니다. 미디어를 통해 간접적으로 접한 성 소수자는 병적인 프레임에 갇힌 경우가 많기 때문입니다.

미국의 동물학자 앨프리드 킨제이(Alfred Kinsey)의 책《남성의 성 행동》(Sexual Behavior in the Human Male, 1948)은 동성애자의 비율을 조사한 최초의 연구입니다. 킨제이에 따르면 미국 남성의 13%, 여성의 7%가 동성애자라고 합니다. 성 소수자에 동성애 외에 간성이나 트랜스젠더 등이 포함되면 그 추산치는 더 높아집니다. 이러한 비율을 모든 나라에 일반화하기는 어렵지만, 전 세계적으로 성적 지향으로 고민하는 사람이

상당수를 차지한다는 것을 시사합니다.

'나는 이성애자가 될 거야!'라고 다짐하고 이성애자가 되지 않듯, 동성애자가 되고 싶어서 동성애자가 된 사람은 없습니다. 성적 지향은 마음먹는 대로 되는 것이 아닙니다. 자신의 선택으로 동성애자가 된다는 주장이 있지만, 사실이 아닙니다. 성 정체성은 백화점에서 맘에 드는 옷을 고르듯 고를 수 있는 게 아닙니다. 많은 과학자가 사람의 체형이나 모발 색처럼 성 정체성에도 선천적 요인이 작용한다고 합니다. 뇌 과학자들은 동성애나 양성애가 장애도 아니고 복합적인 뇌의 작용이라 말합니다.

킨제이의 보고서(Kinsey Report : 미국의 앨프리드 킨제이가 1948년과 1953년 각각 펴낸《남성의 성 행동》《여성의 성 행동》이라는 인간의 성생활을 드러낸 연구서) 이후, 1973년 미국정신의학회는 동성애를 정신과적인 질병에서 제외시키고 '성적 취향'으로 인정했습니다. 동성애는 질병이 아님을 의학적으로 분명히 밝힌 것입니다. 현대의학에서 뇌 과학자들은 동성애를 인간의 성이 지닌 특성 중 하나이지 치료의 대상이 아니라고 합니다.

또한 동성이나 양성 등의 성적 지향은 선택이 아닌 선천적이라는 메시지는 미국의 여론조사 전문기관인 퓨 리서치 센터(Pew Research Center) 자료(2015)에서 확인할 수 있습니다. 미국인 47%가 성적 지향은 선천적이라고 답했습니다. 한국여성정책연구원 자료 '21대 국회, 국민이 바라는 성평등입법과제' 조사 결과, 응답자의 87.7%가 "성별, 장애, 인종, 성적지향 등 다양한 종류의 차별을 금지하는 법률을 제정해야 한다"고 답했습니다.

동성애자든 양성애자든 똑같이 존중해야 합니다. 동성애도 이성애처럼 사랑의 한 형태입니다. 삶을 살아가는 하나의 방식일 뿐입니다. 혐오의 대상이 되어서는 안 됩니다. 성적 지향은 다양합니다. 성적 지향은 상대에게 느끼는 성적 끌림인데, 이성에게 끌릴 수도 동성에게 끌릴 수도 있는 것입니다.

성 소수자도 마땅히 지켜져야 할 성 인권을 지닌 한 사람의 주체입니다. 모든 사람은 성 정체성과는 관계없이 존중받아야 합니다. 한 사람의 정체성은 유일하고 소중한 것이기 때문입니다. 아이에게 성 소수자에 관해 이야기할 때는 인권·평등·존중을 중심으로 설명해야 합니다. 다양한 사람이 있고, 나와 다르다는 이유로 차별해서는 안 된다고 꼭 말해주세요. 누구나 행복한 삶을 누릴 수 있고, 나와 다른 정체성을 지녔다는 이유로 차별적인 태도로 대하지 않도록 교육해야 합니다.

### 장애인에 대한 편견 점검

많은 사람이 장애를 자신과 관계없는 일로 생각합니다. 그러나 누구에게나 장애의 가능성이 있습니다. 한국장애인고용공단에 따르면 장애의 75%는 후천적인 요인에 의해 발생한다고 합니다. 장애는 지금 당장은 아니더라도 언젠가 나의 일이 될 수도 있습니다. 그러니 장애를 나와 관계없는 것으로 치부하지 말아야 합니다.

마라톤 대회에서 시각장애인과 비장애인이 서로를 끈으로 연결하고 함께 달리는 모습을 볼 수 있습니다. 시각장애인이 비장애인의 안내를 받아 마라톤을 하는 것입니다. 제가 마라톤 대회에 나갈 때마다 마주하는 광경입니다. 마라톤 대회에서 쉽게 볼 수 있는 모습입니다. 그런데 칠흑같이 어두운 곳에서 이들이 달린다면 어떨까요? 비장애인이 시각장애인의 안내를 받아야 겨우 한발 뗄 수 있을 겁니다.

장애라는 것은 어떤 시각에서 보느냐에 따라 달라질 수 있습니다. 그런데 장애인을 누군가에게 의지하는 사람으로, 폐를 끼치는 존재로 생각하는 사람이 있습니다. 그러나 남에게 의지하고 폐를 끼치는 사람이 장애인이라면, 우리 모두 장애인이라 할 수 있습니다. 사람은 혼자서는 살아갈 수 없고 서로 의지하며 살아가기 때문입니다. 누군가에게 얼마든지 폐를 끼칠 수도 있습니다. 세상에 남에게 전혀 의지하지 않고, 한 번도 폐를 끼치지 않는 사람이 과연 존재할까요?

때때로 부모가 자녀에게, 아이가 어른에게, 남편이 아내에게 의지합니다. 모두 서로에게 기대어 살고 있습니다. 장애인과 어울려 살아야 한다는 인식을 배려나 특혜로 생각하지 않았으면 합니다. 함께하는 삶이 가치 있다는 것을 아이에게 전할 수 있었으면 합니다.

**★중요 포인트★**

**성 정체성, 장애 여부와는 상관없이 모든 존재는 존중받아야 합니다. 사회 소수자에게 편견을 지니지는 않았는지 점검해보세요.**

# 다양한 형태의 가족을 존중하도록 교육하세요

가족에는 가족을 이루는 구성원이 있습니다. 구성원에 따라 가족의 형태가 달라지기도 합니다. 구성원의 역할도 연령대도 다양합니다. 사람의 모습이 다른 것처럼 가족의 모습도 다양합니다. 가족 구성원이 함께 살 수도 있고 따로 살 수도 있습니다. 함께 사는 가족 구성원이 엄마일 수도, 아빠일 수도 있습니다. 가정을 위해 경제활동을 하는 사람이 엄마일 수도, 아빠일 수도 있습니다.

우리 사회에는 엄마, 아빠, 아이로 이루어진 가족을 이상적이라고 생각하는 '정상 가족' 프레임이 있습니다. 다음 그림 중 정상 가족의 형태는 몇 번일까요?

다음 중 정상 가족은?

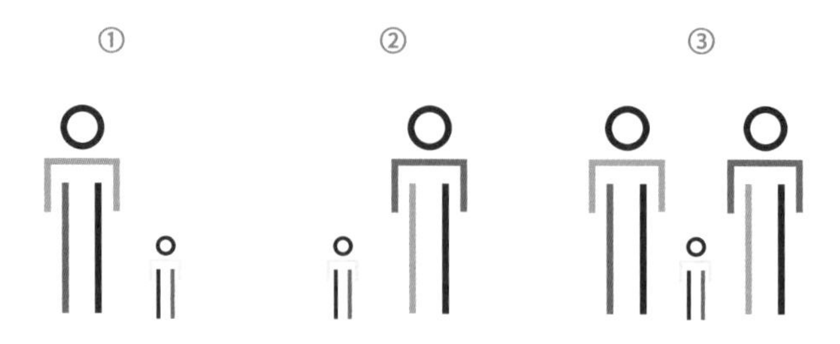


1, 2, 3번 모두 정상입니다. 가족의 모습은 다양합니다. 한 부모 가족, 다문화 가족, 할머니와 함께 사는 가족, 장애인 가족, 동거 가족, 동성 가족 등 다양한 가족이 있습니다. 실은 정상이란 평균적으로 다수를 차지하는 쪽에 붙인 꼬리표일 뿐입니다. 가족은 평가의 대상이 아닙니다. 어떤 가족의 형태도 가능합니다.

엄마와 아빠가 모두 있는 가족에게도 문제가 있을 수 있습니다. 다 함께 모여 살아서 행복한 가족이 있고, 떨어져 살아서 행복한 가족도 있습니다. 가족마다 다른 개별 사정은 무시하고 엄마 아빠가 있느냐 없느냐로 '정상'이라는 프레임으로 평가해서는 안 됩니다.

아이가 자신의 가족과 다른 가족에 대해 잘못된 인식을 지니지 않게, 함부로 말하지 않도록 교육해주세요. 아이에게 다양한 형태의 가족을 이해하고, 어떤 가족이든 존중하도록 교육해야겠습니다.

# 외모에 대한 태도를 점검해보세요

최근 바디프로필이 유행입니다. 제 주변에도 많은 분이 바디프로필 촬영을 계획 중입니다. 인생에 한 번뿐인 멋진 몸의 기록을 남기기 위해 몇 달씩 식단조절을 하며 몸을 만듭니다. 아이라고 다르지 않습니다. 초등학교 때부터 다이어트를 하거나, 근육을 늘리고 싶어 단백질만을 먹는 아이가 늘고 있습니다. 자신의 개성을 살리며 멋을 찾는 게 잘못은 아닙니다. 우리 사회 아름다움의 기준이 천편일률적이고 그 기준이 정상인 양 인식되는 점이 문제입니다.

정상 체중이어도 뚱뚱하다며 '이렇게 먹으면 살찌겠지?' 자책하면서 '내일부턴 꼭 다이어트를 시작하리라' 위로하는 사람이 많습니다. 그러나 실은 건강을 위한 경우를 제외하고는 다이어트가 굳이 필요 없는 경우가 많습니다. 더구나 성장기에 다이어트를 한다면 몸이 균형있게 성장하지 못할 겁니다. 영양 불균형으로 몸뿐 아니라 마음에도 문제가 생길 수 있습니다.

미디어는 가늘고 날씬한 몸매에 뾰루지 하나 없이 하얀 피부의 여성이나, 키가 큰 근육질의 남성 모습을 미의 기준인 것처럼 자주 보여줍니다. 미디어는 우리가 쉽게 바꿀 수 없습니다. 그러나 미디어를 대하는 우리의 태도는 바꿀 수 있습니다.

아이가 몸에 대한 올바른 인식을 지닐 수 있도록 해줘야 합니다. 아이를 둘러싼 어른의 몸에 대한 인식을 바꿔야 합니다. 부모부터 평소 '몸'과 '외모'에 어떤 태도를 보였는지 점검해봐야 합니다.

얼굴이나 몸에 대한 평가를 서슴없이 내뱉는 사람이 많습니다. '이 얼굴 실화냐? 나 같으면 자살한다' '어떻게 그 얼굴로 사냐?' '저 얼굴에 공부 못했으면 어쩔 뻔' 등은 어른만이 아니라 아이들도 쉽게 하는 말입니다. 이런 말을 하는 배경에는 외모를 중요한 자원인 양, 우리 사회 미의 기준을 당연한 것인 양 여기는 인식이 자리 잡고 있습니다. 많은 사람이 다이어트에 목매는 것은 우리 사회에서 마르지 않은 몸에 대해 죄책감을 유발하는 풍조 때문입니다.

미디어에서는 큰 키, 하얀 피부, 오뚝한 코의 외모를 강조합니다. 많은 사람이 미디어에서 만나는 남자나 여자를 자신과 비교하고 자기 모습을 비하하거나 초라함을 느낍니다.

그런데 미디어에서 보여주는 모습만이 진정한 아름다움일까요? '외모가 곧 능력'이라고 평가되는 세상입니다. 그렇다 보니 사람을 외모로 평가하는 게 일상이 되었습니다. 그런 평가는 차별입니다.

부모에게 물려받은 세상에 단 하나뿐인 모습은 고유한 개성을 지니고 있습니다. 이러한 사실을 아이가 이해할 수 있도록 설명해주세요. 외모로 사람을 차별하는 것은 잘못이라는 점도 분명히 알려주세요.

아이에게 올바른 가치관을 심어주기 위해 부모부터 '몸'과 '외모'에 대한 태도를 점검해야 합니다. 사람을 만날 때 외모를 기준으로 평가하지는 않는지 스스로 점검해보세요.

PART 3

# 아이 주변 모두가 일상에서

# 함께하는 성교육

# 일상적인 대화로 성교육을 시작하세요

아이가 성에 호기심을 보일 때가 성교육의 적기입니다. 성에 대한 아이의 관심을 덮지 말고, 아이의 호기심에 답해줘야 합니다. 그래서 대화가 중요한 것입니다. 대화는 신뢰를 기반으로 감정과 생각을 나누는 것입니다. 갑작스레 만든 대화의 자리에 성 이야기를 꺼낼 수 있는 아이는 많지 않습니다. 어릴 때부터 이런 대화가 습관이 되어야 합니다.

심리적 거리가 좁혀지지도 않은 상황에서 준비되지 않은 아이 마음의 경계를 넘어가지 마세요. 유치원에서 무엇을 했는지, 친구와는 어떻게 놀았는지, 어떤 일이 있었는지 등 다양한 주제로 대화를 시작하세요. 아이가 부담스러워하는 주제는 가급적 대화에서 배제하세요. 일상적인 대화가 시작되면 성에 대한 이야기도 자연스럽게 나눌 수 있습니다.

아이에게 성과 관련된 다양한 질문을 할 수 있는데, 추궁하거나 심문하는 식의 질문은 안 됩니다. 그럴수록 아이는 주눅 듭니다. 다시는 부모와 성에 관해서 이야기하지 않으려고 마음의 문을 꽁꽁 닫아버릴 수도 있습니다. 아이가 어떤 이야기를 하더라도 아이를 긍정적으로 바라보세요. 다소 놀랄 만한 이야기더라도 의연하게 들어줘야 합니다. 그럴 때 아이는 어느새 자신의 이야기 보따리를 풀어놓고, 그동안 부모에게 궁금하던 것을 자연스럽게 말할 겁니다. 아이가 자연스럽게 이야기할 수 있는 분위기를 만들어주는 게 부모가 할 일입니다.

아이를 배려하며 성에 대한 가볍고 일상적인 대화로 성교육을 시작하면 됩니다. 아이와 수영장에 갈 때 엄마의 월경에 관해 이야기하는 것도 좋습니다. 수영장에 갈 때 월경주기를 고려해야 함을 자연스럽게 알게 될 것입니다. 일상적인 대화로 시작해 성교육까지 가능합니다. 일상을 이야기하며 많은 것을 나눌 수 있습니다.

아이와 함께 마트에 간다면 월경대 코너로 이동해 월경을 설명해주는 것도 좋습니다. 여성이 경험하는 자연스러운 생리현상이 무엇인지 알게 되고 부끄러운 게 아님을 알게 될 것입니다. 병원에 간다면 옷을 벗어야 하는 상황과 그렇지 않은 상황을 이야기 나눠보는 것도 좋습니다. 의사 선생님 앞에서 진찰받을 때 탈의하는 것과 친구 앞에서 옷을 벗는 행동은 다르다는 것을 아이가 이해하게 될 것입니다.

아이는 호기심이 생길 때마다 질문을 퍼붓습니다. 성적인 이야기까지 거침이 없습니다. 이때 아이가 편하게 무엇이든 질문할 수 있게 하는 게 바람직한 부모의 태도입니다. 아이가 어떤 질문을 해도 야단쳐서는 안 됩니다. 말문을 막아도 안 됩니다. 대답을 회피하는 부모를 대하면 아이들의 호기심은 더욱 커집니다. 아이의 질문은 성교육의 좋은 계기가 됩니다.

아이들과 성 이야기를 할 때는 전제조건이 필요합니다. 어른의 눈높이가 아닌 아이의 눈높이에 맞춰 설명하는 것입니다. 연령에 따라 표현도 달리해야 합니다. 어디까지 말해야 하냐고요? 얼굴이 붉어지지 않고 자연스러운 설명이 가능한 만큼 하세요. 정확한 답보다 중요한 것은 부모의 태도입니다. 모르면 모른다고 하면 됩니다. 이야기하기 쑥스럽다고 말해도 괜찮습니다. 이럴 때 유용한 대화법이 바로 'GO! STOP!' 대화법입니다.

'GO! STOP!' 대화법은 간단합니다. 아이가 질문했을 때 아이의 반응을 보며 GO를 할지 STOP을 할지 결정하면 됩니다. 말 그대로 규칙은 간단합니다. 아이가 부모의 설명을 듣고 다음 질문을 한다면 GO, 설명을 듣고 다음 질문을 하지 않는다면 STOP합니다. 부모가 지레짐작하여 아이가 다음 질문을 하지 않음에도 앞서 GO하지 않고, 또 호기심 있는 아이의 질문을 STOP하지 않는 대화법입니다. 즉 아이의 반응을 살피며 GO, STOP을 조절하며 답하는 것입니다.

예를 들면 "날 어떻게 낳았어?"라고 질문했을 때 "엄마 아기씨와 아빠 아기씨가 만나서 태어났어"라고 설명합니다. 아이가 "응, 알았어" 하고 다른 행동을 한다면 거기서 STOP하면 됩니다. 반대의 상황도 있겠죠. "아기씨는 어떻게 만나는 거야?"라고 질문할 수 있습니다. 이럴 때 '이제 그만'을 외쳐서는 안 되겠죠. GO를 해야 합니다. "엄마 배 속에 만날 수 있는 곳이 있어"라고 해주세요. 당당하게 GO! STOP! 하세요.

"만나는 곳이 어딘데?"라고 아이가 더 질문할 수도 있습니다. "포궁이라는 곳이야"라고 얘기해줍니다. 아마도 아이는 포궁이 궁금해서 더 많은 질문을 할 수 있습니다. 그럴 때 유용한 게 바로 그림책이죠. 말로 전달하기에는 한계가 있거든요.

중요한 것은 아이의 호기심을 STOP하지 않는 것입니다. 아이가 궁금해하는 것에 '그만해'라면서 질문의 싹을 자르지 마세요. 성 이야기를 부모와 시작했다는 사실이 중요함을 기억해야 합니다. 이때 중요한 것은 아이의 단계를 알고 수준에 맞게 적절한 대화를 나누는 것입니다. 성교육에도 '못해도 GO'를 외쳐보세요. 자신감이 붙을 거예요. 부모의 입장은 내려놓고 아이들의 관점으로 접근하세요.

# 가정에서 경계교육을 실천해주세요

사람에게는 심리적인 경계와 신체적인 경계가 있습니다. 심리적인 경계는 마음의 경계입니다. 몸매와 얼굴에 대한 평가의 말이나 시선, 언제 결혼할 것인지, 아기를 언제 낳을 것인지 등 사적 경계를 넘는 질문은 심리적 경계의 침범에 해당합니다.

신체적 경계는 몸에 대한 경계입니다. 동의 없이 다른 사람의 몸을 만지는 것도 신체적 경계의 침범입니다. 내 몸의 주인은 나입니다. 다른 사람의 몸은 그 사람이 주인입니다. 다른 사람이 내 몸을 만질 때는 나의 동의를 받아야 합니다. 나 역시 다른 사람의 몸을 만질 때 동의를 구해야죠. 아주 기본적인 원칙입니다.

이런 경계를 알고 지키는 게 중요합니다. 가족 간에도 경계를 지켜야 합니다. 부모는 아이에게 '네가 좋아서 하는 행동을 친구는 싫어할 수도 있다'는 것을 교육해야 합니다. 그리고 부모도 아이의 'NO'를 존중해야 합니다. '싫으면 싫다'고 말하는 법을 가르쳐야 합니다.

부모와 자녀 사이에 스킨십은 필요합니다. 아이는 부모와의 스킨십을 통해 정서적으로 안정을 느끼고 애착 관계도 형성합니다. 단 스킨십을 할 때는 원칙이 있습니다. 신뢰를 바탕으로 반드시 '동의'를 전제로 해야 한다는 것입니다. 예민함을 느끼는 정도와 신체 부위는 사람마다 다릅니다. 모두 존중해야 하는 부분입니다. 동의 없는 스킨십은 불쾌할 수 있습니다. 동의 없이 다른 사람의 몸을 함부로 만지는 행동은 폭력입니다.

아빠가 아이에게 뽀뽀를 원할 때 아이가 머뭇거리면 아이의 의사를 존중해야 합니다. 그럴 땐 다른 방법으로 접근해야 합니다. 애정을 표현하는 방법이 반드시 뽀뽀여야 하는 것은 아니니까요. 아이 입장에서 부모의 스킨십이 매번 달가운 것은 아닙니다. 아이가 싫다고 할 때는 무조건 STOP해야 합니다.

'입 냄새 나서' '담배 냄새 나서' 아빠의 뽀뽀를 거부하는 아이도 있습니다. 그런데도 '내 아이인데 뭐가 어때서'라며 그냥 뽀뽀한다면 아이의 감정표현을 철저히 무시하는 것입니다. 아이가 거부하는데도 스킨십한다면 '어린아인데, 뭐'라며 존중하지 않는 것입니다. 또한 '뽀뽀하면 원하는 거 해줄게'라고 하는 건 아주 나쁜 태도입니다. 매우 위험한 발언입니다. 대가를 주고받고 스킨십을 허락하는 행동은 반드시 그만 두어야 합니다. 아이가 '내가 하기 싫어도 스킨십에 응하면 원하는 물건을 얻을 수 있다'고 생각하게 됩니다. 원하는 물건을 얻기 위해 스킨십을 용인하게 되는 것이죠. 결국 아이는 주체성을 잃게 됩니다. 상대방에게 맞추다 보니 자기 감정을 드러낼 수 없게 되고 자기 결정권을 행사하기 어렵게 됩니다.

가정에서 경계에 대한 의사 표현을 매번 무시당한 경험을 한 아이는 경계에 대한 올바른 생각을 정립하기 어렵습니다. 가정에서 경계를 존중받지 못한 아이는 심리적으로 위축되고 불안해합니다. 아이가 싫어하는 스킨십을 하는 것은 심리적·신체적 경계를 침범하는 폭력입니다. 경계가 무너지면 관계도 무너질 수 있습니다.

부모라고 해도 마음대로 아이에게 스킨십을 해서는 안 됩니다. 아이에게 스킨십하는 데 동의를 구하는 연습을 해보세요. "우리 딸, 엄마가 안아도 될까?" "어쩜 이렇게 예쁘니! 뽀뽀해도 될까?"라고 아이의 의사를 존중해주세요. 아이는 그런 부모를 신뢰하게 됩니다. 더불어 다른 사람의 몸에 함부로 손대지 않고, 다른 사람이 자신에게 함부로 손대지 않도록 하게 됩니다.

### 동의교육으로 경계교육을

이렇듯 가족 간 스킨십에도 경계를 지켜주세요. 서로를 사랑하고 아끼는 방법입니다. 동의교육이 잘 된 아이는 다른 사람의 경계를 넘나들지 않고 존중합니다. 경계교육은 다른 사람을 존중하는 태도에서부터 시작됩니다.

당사자의 동의 없이 경계를 침범해서는 안 됩니다. 경계에 대한 교육을 받은 아이는 누군가 자신의 경계를 침범하면 빠르게 알아차릴 수 있습니다. 다른 사람이 자신의 경계를 넘었을 때는 빠르게 위험을 인지합니다. 경계에 대한 감각이 생기는 것입니다. '이거 뭔가 이상한데?' '왜 내 얘기를 무시하지?' '잘못된 상황인데?'라고 바로 인지할 수 있습니다. 경계가 침범되면 이를 인지하고 부모에게 도움을 요청할 수도 있습니다. 부모는 아이가 이런 감각을 키워 나갈 수 있도록 도와줘야 합니다.

### 서로 존중하는 스킨십

아이에게 스킨십을 하지 말라는 이야기가 아닙니다. '내 아이니까 내 마음대로 스킨십하고 싶을 때 하겠다'는 생각을 '내 아이니까 나부터 존중해줘야지'라고 바꾸자는 겁니다. 가정에서부터 언제 어디서든 아이의 경계를 지켜준다면 경계에 대한 아이의 감각이 쑥쑥 자랄 것입니다.

아이에게만 심리적·신체적 경계가 존재하는 것은 아닙니다. 부모에게도 경계가 존재합니다. 자녀의 경계는 존중되지만, 부모의 경계는 존중되지 않는 경우가 있습니다. 부모도 자신이 느끼는 감정이 어떤지 솔직하게 표현해야 합니다. 아이의 스킨십이 불편하다면 아이에게 말해주세요. 대안 행동도 같이 제시해주면 더욱더 좋습니다.

예를 들어, 사람이 있는 곳에서 엄마의 가슴을 만지려고 한다면 가슴 대신 손을 만지도록 하세요. 아이가 불안할 때 보이는 행동이라고 합리화하지 마세요. 경계를 지키지 않는 행동은 잘못되었다고 일러줘야 합니다.

부모 입장에서는 스킨십을 거부하면 상처받을 아이가 걱정스러워서 아이의 요구를 받아줍니다. 너무 지치고 힘든 상황에서도 받아줍니다. 그러나 스킨십은 서로 원하고 동의했을 때 하는 겁니다.

안아달라는 아이에게 "저리 가! 엄마(아빠) 힘들어"라고 하는 부모도 있습니다. 자신의 의사를 설명하는 연습이 되어 있지 않은 경우입니다. "엄마(아빠)가 오늘은 많이 힘들어서 안아주기 힘든데 다음에 안아줘도 될까?"라고 하면 어떨까요? 아이는 부모를 이해하고, 다른 사람의 마음과 기분을 헤아릴 줄 아는 사람으로 자랄 겁니다.

스킨십은 사랑과 관심을 표현하는 몸의 언어입니다. 다른 사람의 '경계'로 들어가는 일입니다. 가정에서부터 경계를 반드시 지켜야 하는 이유입니다. 아이도 자신의 경계를 지닌 존재로 존중해야 합니다.

스킨십과 함께 아이의 사생활에 대한 존중도 필요합니다. 휴대폰을 예로 들어볼까요? 요즘은 초등학생도 휴대폰을 소지합니다. 아이가 휴대폰에 어떤 애플리케이션을 깔고, 누구와 메시지를 주고받는지, 무엇을 하는지 부모로서 궁금할 수 있습니다.

그렇다고 무턱대고 아이의 휴대폰을 검열하는 것은 바람직하지 않습니다. 아이도 사생활이 있는 인격적 주체입니다. 아이의 휴대폰을 동의 없이 보는 것은 아이를 무시하는 행동입니다. 부모가 먼저 아이를 존중할 때 아이도 부모를 존중한다는 걸 알아야 합니다.

부모는 아이를 미성숙한 존재로 봅니다. 인간 대 인간으로 보지 않는 경우가 많습니다. 그러면 아이의 경계를 부모가 결정하게 됩니다. 부모에 의해 만들어진 경계는 아이의 감정과 감각을 반영하지 못합니다.

아이는 어릴 때 경험한 것들로 가치관을 형성해 갑니다. 존중받지 못한 경험을 한 아이는 다른 사람을 존중하지 않습니다. 다른 사람이 자신을 존중하지 않는 걸 알아차리기도 힘듭니다. 올바른 가치관을 지니기 어려운 것입니다.

경계는 눈에 보일 수도 있지만, 보이지 않을 수도 있습니다. 그러나 공중화장실에 경계선이 그려져 있지 않지만, 줄을 서서 기다리는 것처럼 보이든 보이지 않든 경계는 지켜져야 합니다. 우리 삶 모든 영역에 존재하는 경계를 가정에서부터 지켜주세요.

**★중요 포인트★**

**가족 간 스킨십에도, 아이의 사생활에도 경계가 필요합니다.**
**나와 다른 사람의 몸과 마음의 경계를 지켜주세요.**

# 부모와 자녀의 목욕분리 시기를 정하고 지켜주세요

코로나가 일상인 지금 공중목욕탕에 아이를 데리고 가는 경우는 많지 않을 겁니다. 2021년에 개정된 공중위생관리법에 따르면 공중목욕탕의 이성 출입 연령은 만 4세, 우리 나이로 6세죠. 부모에겐 마냥 어린아이겠지만 타인에게는 그렇지 않습니다.

아이가 몇 살까지 부모와 함께 목욕해도 좋은지, 남매의 목욕분리는 언제 해야 하는지, 성기를 탐색하는 시기는 몇 세인지 등의 문제에 모범 답안은 없습니다. 성에 관한 가치관과 감수성이 변하기 때문입니다.

계속 변하는 시대 문화에 따라 목욕탕 출입 연령도 5세에서 4세로 낮아졌고, 성에 대해 인지하는 사회의 감수성은 계속 변할 것입니다. 시대의 흐름을 고려하더라도 아이가 성별이 다르면 집에서 약 5세부터는 목욕분리를 연습해야 한다고 권합니다.

목욕은 아주 기본적인 생활습관입니다. 심신의 건강을 위해서도 필요합니다. 아이는 부모와 함께 목욕하면서 정서적으로 안정됩니다. 아이에겐 친밀감을 주는 놀이가 되기도 하고요. 목욕을 통해 서로의 생식기를 보며 여자와 남자의 다름을 알게 됩니다.

목욕문화는 가정마다 차이가 있습니다. 어렸을 때부터 분리해서 목욕하는 가정이 있는 반면에, 초등학생이 되어서도 함께 목욕하는 가정도 있습니다. 집에서는 자연스러운 문화일 수 있으나, 집 밖에서도 경계가 없다면 문제가 됩니다. 아이는 집 안과 밖의 차이를 인지하기 어려울 수 있기 때문에 집에서부터 경계를 배워야 합니다.

목욕에는 중요한 원칙이 있습니다. 나이와 관계없이 이 원칙은 반드시 지켜져야 합니다. 아이와 부모 중 누구라도 몸을 보이기 싫거나 불편한 사람이 생기면 분리해야 합니다. 아이와 함께하는 목욕이 어느 순간 부담된다면 분리를 시작해야 합니다. 분리는 아예 목욕에 동참하지 말라는 게 아닙니다. 아이의 목욕을 도와야 하는 상황에는 옷을 입고 도와주면 됩니다.

아이가 "왜 따로 씻어야 해?"라고 질문할 수 있습니다. 이럴 땐 솔직하고 정확하게 말해주세요. "남자와 여자는 목욕을 따로 해야 해. 그동안은 어려서 씻겨주고 함께 씻었지만, 이제는 조금씩 혼자 씻는 연습을 해야 해. ○○이 몸을 소중하게 생각하고 존중하는 의미에서 따로 씻는 거야"

라고 알려주세요.

그런 후 옆에서 지켜보며 아이가 목욕하는 게 미숙하더라도 스스로 해낼 수 있도록 씻는 방법을 알려주세요. 깨끗하게 닦지 못할까 봐 걱정하는 부모가 있는데, 조금 미흡하게 닦거나 거품을 다 씻어내지 못했다고 해서 큰 문제될 건 없습니다. 경계가 없을 때 더 큰 문제가 됨을 알아야 합니다.

아이가 초등학생이라면 목욕분리는 반드시 해야 합니다. 가족끼리의 경계를 넘어 다른 사람에 대한 경계를 알기 위해서 필요합니다. 특히 이성의 경계 존중을 일상에서 익힐 수 있어야 합니다.

공중위생법에서 목욕탕 출입 연령이 만 4세로 이전보다 더 낮아진 것은 높아진 사회적 경계가 반영된 결과입니다. 부모는 아이와 함께 목욕해도 괜찮을 수 있습니다. 남매끼리 목욕해도 괜찮을 수 있습니다. 그러나 가족 밖의 경계에서는 그렇지 않습니다.

미묘한 경계를 가정에서 실천하여 아이의 경계 감각을 쌓아야 합니다. 중학생 아들이 샤워 중일 때 양치하러 들어간다는 엄마, 엄마가 샤워 중일 때 소변보러 들어오는 아들 등 '가족인데 뭐 어때요?'가 아니라, 가족부터 시작하세요.

부모가 목욕문화에서 모범을 보이는 게 중요합니다. 목욕문화는 아이의 성 가치관에 영향을 주기 때문입니다. 아이는 목욕분리를 통해 경계를 배웁니다. 자신과 가족, 타인을 존중하는 방법을 배우는 것입니다.

목욕분리가 제대로 되지 않으면 아이는 다른 사람의 몸을 함부로 보거나 만지려고 할 수 있습니다. 다른 사람이 자신의 몸을 만지거나 보려 할 때 경계 의식이 작동하지 않을 수 있습니다.

온라인 육아 카페 〈의정부 맘들의 모임〉에서 엄마를 대상으로 '목욕 후 옷을 입고 나온다 VS 옷을 입지 않고 나온다'라는 설문조사(2020)를 진행한 적 있습니다. 이 조사에 약 65%의 엄마가 옷을 입지 않고 나온다고 답했습니다.

여러분은 어떤가요? '내 몸은 내 것' '내가 편하면 그만'이라고 생각하지는 않나요? 가족이라는 핑계로 아이 앞에서 조심하지 않는 건 아닐까요? 올바른 성교육은 아이를 독립적인 존재로 보는 데서 시작합니다.

한 온라인 육아 커뮤니티에 게시된 글에는 평소 문을 열고 소변보는 아빠와 어느 날 그런 아빠의 음경을 보게 된 딸아이의 이야기가 나옵니다. 아빠의 음경을 보고 놀란 아이가 아빠에게 말을 건넵니다.

**딸 :** 와~ 이거 뭐야? 이거 고추야? 만져 봐도 돼? 진짜 신기하다. (만지려고 하면서)

**아빠 :** 손대지 마. 왜 이래. 손대지 말라니까. 이거 더러운 거야. 지지.

**딸 :** 더러운 건데 왜 달고 있는 거야?

**아빠 :** 이게 더러운 게 아니고 소변이 더러운 거야. 손대지 말라니까. 여보! 애 좀 데리고 나가.

하필 아빠의 성기 위치와 아이의 눈높이가 딱 맞았던 것입니다. 아이는 화장실에서 나온 뒤에도 "보여줘~ 만지게 해줘~ 왜 튀어나온 거야?"라면서 질문을 멈추지 않았고 결국 아빠는 아이를 피해 밖으로 나갔다고 합니다. 그 뒤 아빠는 화장실 문을 반드시 잠근다고 합니다.

글쓴이는 아빠가 충격을 받아 습관이 개선되었다며 때론 충격요법이 필요하다고 했습니다. 웃을 수만은 없는 사례입니다. 아이가 들여다볼 때 꾸짖을 필요는 없습니다. 자신의 몸을 보이고 싶지 않다는 사실을 알려주면 됩니다. 보고 싶어도 그러면 안 된다는 것까지 알려줘야 합니다.

아이 앞에서 옷을 벗고 다니는 건 아이를 '아무것도 모르는 어린애'로 여기기 때문입니다. 옷을 벗는 것은 사적인 행동입니다. 옷을 벗는 데 적합한 공간은 따로 있습니다. 가족이라는 이유로 다른 사람이 내 몸을 보는 것도, 보고 싶지 않은데 다른 사람의 벗은 몸을 봐야 하는 것도 폭력이 될 수 있습니다.

옷을 벗고 다니는 부모의 밑에서 자란 아이는 옷을 벗고 다녀도 괜찮다고 생각할 수 있습니다. 이런 행동은 가정에서는 위험하지 않을 수도 있지만, 가정 밖에서는 위험합니다. 아이의 문제행동 뒤에는 부모의 잘못된 행동이 있다는 걸 기억하세요. 부모의 벗은 몸을 아이에게 함부로 보여주지 않아야 합니다.

목욕 후 아이가 빨리 옷을 입지 않으면 "아이고 부끄러워. 얼른 옷 입자"라고 하는 부모가 있습니다. 아이의 벗은 몸은 부끄러운 게 아닙니다.

이런 이야기를 반복하면 아이는 몸을 늘 가려야 하는 부끄러운 것으로 인식할 수 있습니다. 다른 사람이 있는 자리에서 벗은 몸을 보이는 게 잘못이지, 벗은 몸 자체가 잘못이거나 부끄러운 건 아닙니다.

그리고 아이를 유치원에 보낼 때 시간에 쫓기다 보니 아이 옷을 휙휙 벗기고 입히는 부모도 있습니다. 함부로 쉽게 옷을 벗기고 입히는 것도 적절하지 않습니다. 그럴 땐 '혼자 입을래? 아니면 좀 도와줄까?' 하고 제안하는 게 교육적으로 적절합니다.

이와 같은 분리와 경계 교육은 당장의 성공 여부가 중요한 게 아닙니다. 가족이 규칙을 정하고 지키려고 노력하는 게 중요합니다. 규칙은 부모부터 잘 지키고 실천해야 합니다. 경계선을 세우는 과정이 중요하고 이런 과정 자체가 교육입니다. 목욕분리와 다른 사람 앞에서 몸에 대한 경계를 잘 지키게끔 교육하고 실천해주세요.

# 부모와 자녀의 잠자리분리 시기를 정하고 지켜주세요

아이와 부모가 함께 자는 경우가 꽤 많습니다. 아이를 따로 재우자니 안쓰럽고, 같이 자자니 교육상 몇 살까지 같이 자는 게 좋을지 고민됩니다. '5세까지만' '7세까지만' '학교 들어갈 때까지만' 하면서 분리할 기회를 엿보다가 미루기만 하는 부모가 많습니다. 그러나 아이의 건강한 자아 발달을 위해서도 잠자리분리에 적절한 가이드라인이 필요합니다.

잠자리분리 시기도 목욕분리처럼 정해진 답은 없습니다. 아이가 대소변을 가리고, 밤에 혼자 일어나 소변을 볼 줄 아는 시기가 적당하다고 권합니다. 아이마다 차이가 있겠지만 만 4~6세부터는 서서히 잠자리분리를 연습하는 게 좋습니다.

아이가 혼자 자길 원한다면 나이에 구애받지 않고 시기를 정할 수 있습니다. 우리나라의 많은 부모에게는 대여섯 살 아이를 따로 재우면 문제가 된다는 인식이 있습니다. 당연히 같이 자야 한다고 생각하는 경우도 많습니다. 당연한 건 없습니다. 당연하게 생각할 뿐입니다.

4~6세부터 서서히 잠자리분리를 연습하다가 늦어도 초등학교 입학 전에는 마무리하는 게 좋습니다. 남매의 잠자리분리도 고민해봐야 합니다. 남매라는 이유로 사춘기가 되도록 한방을 쓰는 건 적절하지 않습니다.

저는 잠자리분리를 연년생 아이들이 5, 6세 때 시작했습니다. 비교적 쉽게 잠자리분리를 할 수 있던 건 '2층 침대' 덕분입니다. 아이들은 2층 침대에 대한 로망이 있었고, 침대를 들이면 부모와 따로 자기로 약속했던 겁니다. 2층 침대를 집에 들이던 날, 무척이나 좋아하던 아이들은 밤이 되니 태도가 바뀌어 무서울 것 같다고 했습니다.

그래서 아이들이 잠들기 전까지 옆에 누워 책을 읽어주었습니다. 하루는 1층에 하루는 2층에 누워서 아이들이 잠들 때까지 책을 읽어주고, 두 아이가 잠들고서야 침대에서 내려오곤 했습니다. 아이를 재우다 잠든 적도 여러 번 있답니다. 엄마도 피곤하니까요. 그렇게 잠자리분리에 노력하던 중 어느 순간부터 두 아들이 스스로 침대로 가서 눕기 시작했습니다. 처음에는 '잘 자'라고 잠자리 인사를 하고는 거실에 엄마 아빠가 있다는 것을 알 수 있도록 방문을 열어놓기도 했습니다.

많은 부모가 따로 자는 걸 무서워하는 아이를 걱정하여 잠자리분리를 하는 데 어려워합니다. 어떤 부모가 무서워하는 아이를 그냥 두고 싶을까요? 이해합니다. 잠자리분리는 '오늘부터 혼자 자'라고 해서 될 문제도 아닙니다. 충분한 적응기간이 필요합니다. 저처럼 아이의 잠자리 환경에 변화를 주는 것도 좋습니다.

혼자 잠을 자고 싶도록 포근한 침구류나 아늑한 조명, 인형 등 아이가 원하는 것들로 방의 분위기에 변화를 주세요. 아이가 혼자 자려고 하면 '우리 ○○이 혼자서도 잘 자네. 아주 멋지고 용기 있네. 잘했어!'라고 칭찬해주세요. 엄마, 아빠가 아이와 같이 자지는 않아도, 늘 아이 옆에 있다는 걸 상기시켜주면, 아이는 안정감을 느끼고 부모를 신뢰할 겁니다.

초등학교 5학년생인 딸과 남편이 사이가 좋아서인지 잘 때도 서로 부둥켜안고 잠든다고 고민하는 엄마가 있었습니다. 분리가 필요한 것 같은데 남편은 아이가 더 크면 함께 못 잔다며 괜찮다고 했다며 엄마가 상담을 신청했습니다. 아이와의 잠자리분리가 제대로 이루어지지 않을 때 생길 수 있는 문제 상황입니다.

초등학교 5학년이면 2차 성징을 경험하는 시기입니다. 이 시기에 아빠와 딸이 부둥켜안고 자는 것은 좋지 않습니다. 부녀 사이가 좋기 때문에 가능한 일이라고 하지만 경계가 지켜지지 않는 상황입니다. 모든 인간관계에서 경계는 지켜져야 합니다. 아빠와 딸 사이라도 예외는 없습니다.

아빠가 딸의 경계를 지켜주지 않으면, 딸은 자신의 경계를 인지하지 못하게 됩니다. 다른 사람이 자신의 경계를 침범하는 상황이 발생해도 문제라고 인식하지 못할 수 있습니다. 그러니 엄마가 아빠에게 가족 간에도 경계가 필요함을 지속해서 설명해주세요. 딸에게도 설명이 필요합니다. 갑자기 아빠와 따로 자면 불안해할 수 있기 때문입니다.

아이가 싫거나 미워져서 따로 자는 게 아님을 확실히 알도록 말해주세요. "○○아! 이제부터는 아빠와 따로 잘 거야. ○○이가 더는 어린애가 아니고 2차 성징을 경험하면서 성장하고 있기 때문이야. 아빠는 ○○이가 너무 소중하고 사랑스럽기 때문에 존중해주고 싶어. 따로 자는 건 ○○이를 존중하는 방법의 하나야. 앞으로 엄마 아빠는 ○○이를 더 많이 존중할 거야"라고 설명해주세요.

잠자리분리를 시작하기 전에 아이에게 부부침실과 아이가 자는 공간에 대해서도 설명해주세요. 잠은 각자의 공간에서 자는 것이고, 각자의 공간을 오갈 때는 반드시 노크해야 한다는 것도 같이 이야기해주세요.

아이가 어린 가정은 한방에서 다 같이 잠자는 경우가 많을 겁니다. 그렇다 보니 부모의 침실에 대한 이해가 부족할 때가 있습니다. 부모의 침실은 부모만을 위한 장소입니다. 아이도 이런 사실을 알아야 합니다. 부모의 침실 문이 닫혀 있을 때는 함부로 열지 말고 반드시 노크해야 한다고 알려주세요. 다른 사람의 공간에 들어갈 때는 안에 있는 사람에게 허락을 받아야 하는 것을 가르쳐야 합니다. 화장실을 사용할 때도 목욕할 때도 문을 닫아야 함을 알려주세요. 기본을 지키는 게 중요합니다.

잠자리분리는 아이뿐만 아니라 가족 모두 지켜야 할 규칙입니다. 부모는 아이를 돌보다가 아이가 잠들고 나서야 미뤄둔 일을 하기도 합니다. 서로의 시간과 공간을 확보하고 지키기 위해서도 부모와 아이의 잠자리분리는 꼭 필요합니다.

잠자리분리를 너무 조급해하지 않아도 됩니다. 단칼에 해결하기는 힘듭니다. 아이는 전혀 분리할 마음이 없는데 억지로 한다면 불안감만 키울 수도 있습니다. 잠자리 자체가 공포가 되게 해서는 안 됩니다. 아이의 이해와 협조를 얻어 천천히 시작해야 합니다. 다만 늦어도 초등학교 입학 전에는 분리하길 바랍니다.

# 아이에게 성기의 정확한 명칭을 알려주세요

일반적으로 아이에게 말을 가르칠 때 단어의 뜻과 발음을 정확히 알려줍니다. 그러나 몸의 일부인 성기에 대해서만큼은 정확히 표현하는 경우가 드뭅니다. 언어는 의식과 가치관에 큰 영향을 주기 때문에 어렸을 때부터 신체 명칭을 정확히 알려주는 게 필요합니다.

아이는 몸을 바르게 이해하는 데서 자기 몸을 긍정적으로 받아들이고 사랑하는 걸 배우기 시작합니다. '눈, 코, 입'을 있는 그대로 부르는 것처럼 성기도 정확한 명칭으로 부르도록 알려줘야 합니다. 아이가 어렸을 때는 밥을 '맘마', 과자를 '까까', 자동차를 '빠방이'라고 합니다. 그러다 아이가 성장할수록 정확하게 밥, 과자, 자동차로 부르게 되는 것처럼 아이의 발달과정에 맞게 성기를 명확하게 지칭하는 게 필요합니다.

성기를 지칭하는 표현은 다양한데, 흔히 '고추' '잠지' '소중이' '보물'로 표현합니다. 이런 명칭에 문제가 있는 것은 아니지만, 아이의 발달단계에 맞게 정확한 명칭을 사용하는 게 좋습니다. 성기의 정확한 명칭에 익숙해지는 게 중요하고, 이를 편하게 사용할 수 있는 환경을 조성하는 게 더 중요합니다.

성기에 대한 용어를 자연스럽게 접하는 게 좋습니다. 아이가 용변을 볼 때나 목욕할 때 성기의 명칭을 알려주는 것도 좋습니다. 성기의 명칭을 정확하게 말함으로써 몸을 자연스럽게 인식하게 됩니다. '쉬를 한 고추는 음경이야' '쉬를 한 잠지는 음순이야'라고 구체적으로 말해주세요.

어린이집이나 유치원에 다니는 아이 중에는 어려운 가수 이름을 외워서 알려주는 아이도 있고, 구구단을 외워서 자랑하는 아이, 어른도 잘 모르는 영단어까지 술술 말하는 아이도 있습니다. 사람 이름과 구구단, 영단어를 말할 수 있는 아이라면 성기의 정확한 명칭인 음경과 음순도 얼마든지 말하고 외울 수 있습니다. 아이의 언어 수준은 부모가 생각하는 것 이상으로 높습니다. 아이의 역량을 믿고 정확한 성기 명칭을 알려주세요.

여자의 성기를 '잠지'라고도 하는데, 국립국어원 〈표준국어대사전〉에 따르면 잠지는 남자아이의 성기를 완곡하게 이르는 것입니다. 정확한 표현이 아닙니다. '그곳'이나 '보물'도 잘못된 표현입니다. 모호하게 말하지 마세요. '소중한 곳'이라고 표현하기도 하는데, 신체 중 소중하지 않은 곳은 없습니다. 성기만 소중하고 다른 곳은 소중하지 않은 게 아닙니다.

자기 몸을 사랑하기 위해서 자신의 성기부터 관찰해보라고 권하고 싶습니다. 내 몸은 내가 알아야 합니다. 우리는 이제껏 성기를 제대로 말하지 못했습니다. 정확하게 표현하지 못했습니다. 앞으로는 그러지 않았으면 합니다. 부모부터 더 잘 표현할 줄 알아야 합니다. 용어에 익숙해지려면 대상에 익숙해져야 합니다. 우리 모두 성기에 익숙해져야 합니다.

정확한 언어사용과 관련해서 좀 더 안내하고 싶은 게 있습니다. 과거에 문제의식 없이 사용했지만, 변화한 시대와 젠더 감수성을 반영하여 알아두어야 할 단어를 몇 개 소개합니다.

첫 번째는 '생리'입니다. 생리의 정확한 표현은 '월경'입니다. 월경은 더럽고 깨끗하지 못하다고 생각해서 부끄러운 생리현상으로 여겨 '생리'라 불렀습니다. 그러나 월경은 거북한 것도 아니고 깨끗하지 못한 것과는 아무 관계가 없습니다.

두 번째는 '자궁'입니다. 자궁은 아기가 사는 집이라는 의미인데, '생식' 기능에만 초점을 맞춘 단어입니다. 한자로 자궁에는 子를 사용합니다. 子는 아들을 의미하는 한자로 남성 중심이라는 비판을 받아, 요즘에는 '세포 포(胞)' 자를 사용하여 포궁이라는 용어를 씁니다. '아들의 집'이 아니라 '세포의 집'이라는 의미입니다. 특정한 성별과 관계없이 '아기를 감싸는 집'이란 의미를 강조한 것입니다.

세 번째는 '처녀막'입니다. 이 단어들은 성관계 여부를 판단하는 맥락에서 여성만을 대상화하여 차별적으로 쓰이는 단어입니다. 여성의 성을 억압하는 남성 중심적인 사고방식을 담은 표현입니다. '질 주름' '질 근육' 입니다. 아직도 질 주름(질 근육)을 '질 막'으로 인식하고, 이를 통해 여성의 순결을 판단하려는 인식이 있지만 사실 막은 존재하지 않습니다.

자신의 몸과 신체기관을 정확히 안다면, 몸을 있는 그대로 존중하고 귀하게 여기게 될 것입니다. 아이에게 성기의 정확한 명칭을 알려주세요.

**★중요 포인트★**

**아이에게 성기의 정확한 명칭을 알려주세요. 월경, 포궁, 질 주름 등 신체기관과 생리현상에 대해서도 명확한 용어를 사용해야 합니다.**

# 아이의 성적 의도가 없는 놀이에 큰 의미를 두지 마세요

혼자만의 시간에 무엇을 하나요? 저는 달리기를 하거나 책을 읽습니다. 등산하기도 합니다. 이것들이 저의 놀이입니다. 어른에게도 놀이는 필요합니다. 아이에게는 놀이가 생활의 전부라고 할 만큼 중요합니다. 인지발달 연구의 선구자인 피아제는 "놀이는 유아의 인지발달의 주요 지표가 될 만큼 중요하다"라고 했습니다. 그만큼 아이에게 놀이는 중요한 역할을 합니다.

아이가 대여섯 살이 되면 나름대로 성의 개념이 생깁니다. 미국의 심리학자 콜버그(Lawrence Kohlberg)의 도덕성 발달단계 이론에 따르면 이 시기를 학령전기(Preschool period)라고 하고, 이 시기 아이에게는 성 역할에 관한 인식이 생깁니다. 놀이에서 여자는 엄마, 남자는 아빠가 되는 것입니다. 이 시기의 대표적인 놀이가 '엄마 아빠 놀이'와 '병원 놀이'인 이유입니다.

아이는 무엇이든 만져보고 싶어합니다. 자신의 몸은 물론, 주변의 다양한 것을 탐색하고 싶기에 친구의 몸도 만지고 싶어합니다. 병원 놀이하는 아이는 신체 부위를 노출하며 대단히 즐거워합니다. 치맛자락을 들추거나 바지를 내려서 엉덩이에 주사를 놓는 행위를 재미있게 여기는 듯합니다.

의사나 간호사가 된 아이가 다른 아이의 생식기에 집중해 관찰하는 경우는 거의 없습니다. 아이가 신체를 탐색하며 노는 데 성적인 의도는 없습니다. 몸에 대한 관심으로 행하는 놀이일 뿐입니다.

4세 아이가 목욕 중에 엄마의 가슴을 만지거나, 음모가 신기했는지 잡아당깁니다. 이런 것을 성적 행동으로 보긴 어렵습니다. 엄마의 몸에 대한 관심의 표현일 뿐입니다. 갑작스러운 아이의 행동에 놀랄 수는 있습니다. 그때는 아이에게 엄마 몸에 대한 경계에 대해 이야기해주면 됩니다.

대부분의 아이 놀이에는 문제가 없습니다. 어른이 보기에 불편한 것입니다. 아이가 병원 놀이나 결혼 놀이를 하는 것은 잘 자라고 있다는 증거이니 너무 걱정하지 마세요. 단, 아이의 엉덩이에 주사를 놓는 게 불편하다면 "소중한 몸을 함부로 대하면 안 돼, 다음부턴 옷 위에 놓자"라고 제안할 수 있습니다.

여아와 남아가 침대에 나란히 누워 엄마 아빠 놀이를 하기도 합니다. 이런 놀이는 만 4~7세의 아이들에게서 흔히 나타납니다. '모방하기'가 강하게 나타나는 시기입니다. 이런 놀이는 문제없습니다.

아이는 주변에서 본 것을 그대로 받아들여 놀이로 만듭니다. 이것이 모방입니다. 어디서 보았는지 흉내 내거나 호기심으로 시작하는 경우가 대부분입니다.

성적인 내용이 없는 놀이를 성적으로 보아서는 안 됩니다. 아이들의 놀이에 성인의 관점에서 성적으로 접근하는 것은 적절하지 않습니다. 많은 어른이 '우리 때는 안 그랬어!' '다른 애는 안 그랬어!' 하며 아이의 행동을 굳이 문제로 인식합니다.

# 아이의 잘못된 성적 놀이를 제지해주세요

아이를 키우다 보면 다른 아이가 우리 아이에게 하는 행동에 마음이 상할 때가 있습니다. 직접 이야기하자니 관계가 틀어질까 걱정되고, 그저 지켜보자니 화가 납니다. 아이들 놀이에 어느 선까지 개입해야 할지 고민스러울 수 있습니다. 부모의 개입이 꼭 필요한 경우에는 아이의 권리와 다른 사람의 권리에 대해 자연스럽게 알려주세요.

병원 놀이 시간에 진찰하는 정도라면 모른 척하는 게 좋습니다. 하지만 부모의 개입이 필요한 상황도 발생합니다. 바지를 벗겨 주사를 놓는 상황이라면 부드럽게 "피부에 상처가 날 수 있으니 앞으로는 옷을 내리지 않고 옷 위에다 놓자"고 이야기해주세요. 혹은 "주사는 인형에게 놓아 보자"고 말해주세요. 큰소리를 지르거나 야단칠 필요 없습니다. 아이에겐 재미있는 놀이일 뿐이니까요.

가끔 '똥침'이라며 다른 아이의 항문을 찌르는 행동을 하거나, 싫다는 표현을 했음에도 다른 아이의 머리카락을 잡아당기며 놀리는 아이가 있습니다. 아이가 어리더라도 이는 엄연한 폭력입니다. 한쪽에서 싫다고 표현한 행동을 계속한다면 그냥 놔둘 일이 아닙니다. 이런 행동을 한다면 아이의 집안 문화가 어떤지 점검해야 합니다.

초등학교 다니는 조카가 대놓고 가슴을 만져 화들짝 놀라거나, 친구의 자녀와 잘 놀아줬더니 바지를 내려 놀라고, 어떤 아이가 놀던 중 딸에게 팬티를 벗으라고 하여 놀라기도 합니다. 이런 행동은 성인의 관점과 달리 성적인 의도는 없지만 누구라도 놀랄 만한 상황입니다. 직접 경험한다면 불편할 수밖에 없을 겁니다. 아무리 놀이라도 상대방이 불편하다면 바람직하지 않습니다.

아이의 놀이 수위가 일반적이지 않다면 개입이 필요합니다. 잘못된 놀이를 하고 있을 때는 이렇게 대처하세요. 큰소리를 치면서 혼내지 말고, 놀이 예절을 알려주면 됩니다. 다른 아이가 싫다고 했는데도 계속한다면 잘못된 행동임을 가르쳐주어야 합니다. 상대 아이에게 사과해야 합니다.

"아, ○○이가 그래서 그렇게 했구나! 그런데 친구들은 그런 행동이 싫대. 어떻게 하면 더 좋을까? 같이 찾아보자." "친구들에게 미안하다고 사과하자." "더 재미있는 놀이를 함께 찾아보자."

이런 과정을 통해 나만 재미있는 놀이가 아니라 친구들과 함께 재미있는 게 정말 즐거운 놀이라는 걸 깨닫게 됩니다.

친구가 싫어하는데도 재미있다고 계속한다면 그것은 놀이가 아니라고 설명해주세요. 상대를 괴롭히는 것이고 놀이가 아닌 폭력이라는 것을 알려주세요. 아무리 친한 사이의 장난이라 해도 상처 받는 누군가가 있다면 괴롭힘이고 폭력입니다.

아이가 하는 놀이와 폭력의 차이는 크지 않습니다. 그 작은 차이를 제대로 배우지 못한 채 자라면 폭력에 무뎌지게 됩니다. 놀이와 폭력의 차이는 크지 않아도, 결과는 많이 달라질 수 있음을 알아야 합니다. 폭력에 대한 감수성은 아무리 강조해도 과하지 않습니다.

놀이 중 누군가 더 이상 하고 싶지 않다면 그 놀이는 언제든 그만둘 수 있어야 합니다. 아이 스스로 '싫어, 안 할래!' '재미없어! 그만할래!'라고 말해도 됩니다. 내가 싫을 때 상대방이 원한다는 이유로 들어줄 필요가 없고, 내가 원해도 상대방이 원치 않는다면 그만해야 함을 알려주세요.

어려서부터 이런 연습이 잘 되어 있다면 아이가 권리를 침해받았을 때 주체적으로 행동할 수 있습니다. 또 아이가 다른 사람의 권리를 침해하지 않을 수 있습니다. 나와 다른 사람의 권리를 모두 존중할 줄 아는 아이로 교육해주세요.

PART 4

# 아이의 궁금증,

# 성교육의 기회!

go

# 아이의 질문이 시작되었을 때가 성교육 적기입니다

성교육 적기에 대한 기준은 상이할 수 있습니다. 확실한 것은 가급적 빨리 시작해야 한다는 점입니다. 아이가 성 문화를 접하는 속도가 KTX급이기 때문입니다. 혹여 아이의 질문이 시작되었다면 성교육 적기라 생각하고 기회를 놓치지 않아야 합니다.

국제적으로 통용되는 성교육 시기는 5세입니다. 유네스코국제교육과학문화기구의 〈국제 조기 성교육 지침서〉(2009)에 따르면 5세부터 성교육을 시작해야 한다고 합니다. 덴마크와 스웨덴에서는 6세부터 성교육을 시작하고, 15세가 되면 피임 교육을 의무적으로 시행합니다. 핀란드는 15세에 콘돔이 포함된 '성교육용 선물꾸러미'를 받습니다.

북유럽식 교육을 그대로 우리 교육 현실에 적용한다고 하여 성교육이 성공하리라고 볼 수도 없고, 그렇게 하자는 것도 아닙니다. 아이가 접하는 성문화의 속도가 KTX급으로 점점 빨라졌고, 이에 각국의 성교육 시기도 점점 일러지는 걸 말씀드리는 것입니다.

성교육은 어느 때가 적기라고 정해진 것은 없습니다. 다만 여러 성의학 전문가는 가급적 빨리 시작해야 한다고 입 모아 말합니다. 대한성학회 회장인 배정원 교수는 조기 성교육의 필요성을 강조했습니다. 유네스코 역시 포괄적 성(性, sexuality) 교육을 제시했고요.

포괄적 성교육은 아동과 청소년들이 자신의 존엄성을 인식하고, 건강을 챙기고, 권리에 대한 이해를 높여 존중을 기반으로 한 성적 관계를 형성하는 교육입니다. 포괄적 성교육의 가장 큰 특징 중 하나는 '어릴 때부터 시작하는 교육'으로 조기 성교육의 중요성을 강조했습니다.

성교육은 아이의 성장발달에 맞춰 될 수 있는 대로 빨리 시작하면 됩니다. 다만, 아이가 성에 호기심을 갖고 질문할 때는 즉시 교육해야 합니다. 아이의 질문이 시작된 때가 성교육의 적기이기 때문입니다.

아이는 어린이집이나 유치원에 다니기 시작하면서 새로운 사회를 경험하며 부쩍 질문이 많아집니다. "엄마는 왜 고추가 없어?"라고 묻고 "엄마는 왜 앉아서 오줌을 눠?"라고 묻기도 합니다.

성교육을 어떻게 시작할까 고민하는 부모에게 아이가 먼저 질문을 해옵니다. 감사한 일입니다. 아이와 대화가 가능한 때, 아이의 질문이 시작된 때가 성교육의 적기입니다. 아이의 질문에 답하면 자연스럽게 성교육을 시작할 수 있습니다. 아이의 질문은 하나의 기회입니다. 부디 기회를 놓치지 않았으면 합니다.

우리 아이는 아직 성에 관심이 없는데 성교육을 시작할 필요가 있냐는 부모도 있습니다. 아이가 말로 관심을 표현하지 않았다는 이유로 관심이 없다고 단정하지 않길 바랍니다. 성인이나 아이 모두 같습니다. 궁금한 게 생기면 적극적으로 표현하는 사람이 있고, 조용히 호기심을 키우는 사람도 있습니다.

아이의 질문에 당황한 나머지 아무 대답을 못 했다며 걱정하는 부모도 있습니다. 너무 걱정하지 마세요. 괜찮습니다. 지금이라도 관심을 기울이고 아이의 질문에 응하려는 태도가 중요합니다. 다시 기회가 온다면 그때 외면하지 않으면 됩니다. 오늘부터 아이의 질문에 앞서 성에 관한 다양한 정보를 찾아보고 미리 준비를 해두세요.

# 잘못된 성 정보에 노출되기 전에 성교육해야 합니다

요즘 만 2세에 스마트폰을 사용할 줄 아는 아이도 있습니다. 누가 알려주지 않았는데도, 글자를 못 읽어도, 글을 쓰지 못해도 인터넷 세상과 쉽게 만납니다. 아이는 인터넷을 통해 다양한 정보, 이미지, 영상을 접합니다. 이때 아이가 성 관련 이미지나 동영상을 쉽게 접할 수 있습니다.

아이가 성 관련 이미지나 동영상을 쉽게 접할 수 있는 상황인데 가정과 학교에서의 성교육은 충분히 이루어지지 않고 있습니다. 성교육은 잘못된 성 정보에 노출되기 전에 그리고 왜곡된 성 인식을 지니기 전에 시작해야 합니다. 특히 만 3세에서 10세까지가 성교육에 있어 중요한 시기입니다.

제가 만난 10대 아이 대부분이 인터넷을 통해 성적 호기심을 충족하고 있었습니다. 부모가 아이에게 성에 관해 쉬쉬한 사이, 아이에게는 왜곡된 성 인식만 쌓여갑니다. 성교육에 관심 없던 가정에서 성교육의 필요성을 절감하는 시기는 아이가 성적 표현물을 보거나 성폭력 문제를 일으켰을 때입니다. 그러나 성교육은 하루아침에 몰아서 할 수 있는 게 아닙니다.

부모가 성교육이 불편해 머뭇거리는 사이, 아이는 다른 방법을 찾아 왜곡된 성을 접하게 됩니다. 친구의 성 경험을 듣고 불안해합니다. 아직 성 경험을 못한 자신에게 문제 있다고 생각하거나, 친구들 사이에 떠도는 성 이야기를 사실처럼 여기기 쉽습니다. 인터넷에서 접한 성 관련 정보를 받아들이게 됩니다. 부모가 아이에게 먼저 성교육해야 하는 이유입니다.

많은 부모가 성교육이 괜히 아이의 호기심만 자극하여 역효과를 낼까 봐 걱정합니다. 이를 걱정하는 부모의 마음이 문제라면 문제입니다. 성교육을 성기나 섹스만으로 축소해서 인식하지 말고, 어렸을 때부터 일상생활에서 꾸준히 접하는 생활교육으로 받아들여야 합니다.

성교육은 지식을 습득하는 것만이 아닙니다. 존재에 대한 교육입니다. 나와 다른 사람 모두 소중한 존재라는 걸 깨우치는 교육입니다. 성교육을 제대로 받은 아이는 내가 소중한 존재라는 걸 깨닫는 데서 출발하여 다른 사람의 존재도 존중하는 어른으로 성장할 것입니다.

요즘 조기교육이 중요하다며 영어나 수학 등의 과목에 학습지부터 과외까지 시킵니다. 아이가 이런 공부에 호기심을 갖고 더 파고들까 봐 걱정하는 부모는 없을 겁니다. 아이의 인성에 큰 영향을 끼치는 성교육에도 이처럼 관심을 두어야 합니다.

성교육에도 깊은 관심과 정성을 기울여야 합니다. 아이가 성에 관해 궁금해하는 것들을 건강하게 해소할 수 있도록 부모가 도와야 합니다. 우리 아이의 성교육을 더는 망설이지 말고 잘못된 성 정보에 노출되기 전에 지혜롭게 준비해주세요.

# 가정에서 미디어 리터러시 교육을 지도해주세요

코로나19로 인해 일반적으로 미디어 사용 시간이 증가했습니다. 학교 수업도 원격으로 이뤄지면서, 특히 아이가 미디어를 사용하는 시간이 더욱 증가했습니다. 한국언론진흥재단의 '2020 어린이 미디어 이용조사'에 따르면 아이들의 하루 평균 미디어 사용 시간은 4시간 45분이었습니다. 이용하는 미디어는 텔레비전, 스마트폰, 태블릿 PC 등으로 다양했습니다.

미디어 사용 시간도 길어지고 미디어에서 내보내는 콘텐츠의 종류도 더욱 다양해지며 아이들이 각종 폭력과 음란물에 노출되는 위협을 받는 상황에서 아이가 미디어를 비판적으로 수용할 수 있도록 준비해야 합니다. 아이에게 미디어 리터러시 교육을 반드시 해야 합니다. 이런 환경에서 아이들을 안전하게 보호할 제도적 장치가 미흡하다는 게 안타까운 현실입니다.

미디어가 부정적인 영향만 주는 것은 아니지만, 아이가 미디어에 무분별하게 노출된다면 여러 문제가 발생할 수 있으니 미리 조심해야 합니다. '미디어 리터러시'는 미디어를 통해 나오는 정보를 해석하는 능력을 말합니다. 쉽게 말하면 글을 쓰고 읽는 능력입니다. 각종 미디어를 통해 전파되는 메시지의 진위를 확인할 수 있는 능력입니다.

요즘 많은 청소년이 장래 희망으로 '유튜버'를 꼽는다고 합니다. 그만큼 요즘 아이들은 유튜버에게 관심이 많고, 아이들 일상에 깊숙이 스며든 유튜브를 막기는 어렵습니다. 무조건 막는 게 최선도 아니고, 막는다고 해서 막을 수도 없습니다. 제대로 보는 방법을 알려주어야 합니다. 부모는 미디어 노출이 많은 환경에서 미디어에 대한 아이의 판단력을 키워줘야 합니다.

요즘 아이들에게 유튜브를 비롯한 미디어는 하나의 문화이기 때문입니다. 아이는 미디어를 통해 직접 경험하기 힘든 걸 간접적으로 접하기도 하고, 우리 사회를 들여다볼 수도 있습니다. 유튜브에 순기능도 있지만, 가짜뉴스나 가짜정보가 많아 아이의 판단을 흐릴 수 있다는 역기능이 문제입니다. 성에 관한 가짜뉴스와 가짜정보는 아이에게 잘못된 성 가치관을 심어줄 수 있기 때문입니다.

데이비드 레비(David Levy) 박사는 미디어의 영향을 팝콘에 비유하여 '팝콘 브레인'(Popcorn Brain)이라는 용어를 사용했습니다. 팝콘 브레인은 팝콘이 200도 이상의 온도에서만 튀겨지는 것처럼 자극이 강한 미디어를 많이 접한 뇌가 강한 자극에만 반응하게 되고, 현실에 무감각해지는 현상입니다.

아이가 이미 많은 미디어에 노출되었는데 늦은 건 아닌지 걱정하는 부모도 있습니다. 지금이 가장 빠릅니다. 내일보다 오늘이 더 빠릅니다. 지금부터라도 어른이 힘을 모아 미디어를 어떻게 식별해야 하는지 아이에게 가르쳐야 합니다. 가정에서 부모의 역할에 따라 아이가 미디어의 도구가 될 수도, 미디어를 도구로 잘 활용하는 아이가 될 수도 있습니다. 가정에서 아이에게 미디어 리터러시 교육을 해주세요.

# 아이의 자위행위를 발달단계의 일부분으로 봐주세요

궁금한 것은 자세히 들여다보고 싶고 만져보고 싶은 게 자연스러운 일입니다. 아이에게 성기도 마찬가지입니다. 아이는 성기를 만져보니 이상한 기분이 들고, 그러니 흥미가 생기고, 흥미로우니 자꾸 만지고 싶을 수 있습니다.

자위를 입에 올리면 안 되는 그 무엇쯤으로 생각하고 있지는 않나요? 아이가 팔다리를 긁거나 눈을 비비면 별걱정이 없던 부모도, 아이가 성기를 만지는 데는 불편해합니다. 우리 아이만 그런 것 같다며 걱정하기도 합니다. 다른 부위를 만지는 것에는 신경을 쓰지도 않던 부모들이요.

돌이 안 된 아이가 손가락을 빨듯 많은 아이가 성기를 만지작거립니다. 성기를 만지는 것은 그 부위가 주는 감각을 인식하기 때문입니다. 아이가 성기를 통한 쾌감을 알고 성기를 자극하는 건 지극히 정상적이고 흔한 행동입니다. 개인차가 있지만, 일반적으로 3~4세쯤 쾌감을 알게 되고 대략 3~6세에 성기를 자주 만집니다. 걱정하지 않아도 됩니다. 감각을 인식하는 성장과정의 하나이므로 놀랄 일이 아닙니다.

### 몸 탐색 놀이

여아든 남아든 배꼽을 만지작거리는 것처럼 성기를 만지며 탐색합니다. 성기를 만지는 행동은 발가락이나 손가락을 만지며 노는 것과 같습니다. 발기된 성기를 만지는 경우에도 그대로 두는 게 좋습니다. 더불어 장난으로라도 아이의 성기를 만져서는 안 됩니다. 아이마다 차이가 있지만 대략 3~6세에 성기를 자주 만집니다. 이 시기의 자위행위를 성인의 자위행위와 같은 것으로 보아서는 안 됩니다. 아이는 성적 공상을 하며 자위행위를 하는 게 아닙니다.

아이는 다양한 놀이를 하며 성장합니다. 그중 하나가 자위입니다. 원하면 언제든 어디서든 즐길 수 있는 놀이입니다. 재미있는 놀이는 자주 하고 싶은 게 당연합니다. 무료해서 시간을 때우기 위해, 허전한 마음을 달래기 위해 자위하기도 합니다. 성기를 만지는 이유는 다양합니다. 자연스럽게 바라봐주세요.

자위하다 들키면 자는 척하는 아이도 있는데요. 생각만 해도 너무 귀엽지 않나요? 사생활을 지키려는 아이가 선택한 나름의 방법일 테니까요. 성기를 통한 놀이의 경험은 건강하게 성장하는 과정 중 하나입니다.

자위행위를 통해 자신의 몸을 긍정하게 되고, 성기를 신체의 일부로 자연스럽게 받아들이게 됩니다.

아이의 자위행위는 보통 몇 주가 지나면 멈춥니다. 아이가 아무것도 하지 않고 자위행위에만 몰두하면 문제겠지만 그런 아이는 극히 드뭅니다. 자위행위에 부정적인 태도를 보이면 아이는 성기를 좋지 않은 것으로 생각하게 됩니다. 성기를 더럽다고 인식하거나 자위행위에 죄책감을 느낄 수 있습니다.

대소변을 대하는 태도도 이와 비슷합니다. 배변 훈련 시 배설기관이 더러운 게 아님을 알려줘야 합니다. 소중한 몸의 한 부분이라는 것을 포함해서 설명해주세요. 배설기관을 더러운 곳으로 생각하면 성기도 더러운 곳이라는 편견이 생길 수 있습니다.

자위는 부끄러운 행동이 아닙니다. 건강한 성 가치관을 갖는 과정 중 하나입니다. 아이의 자위를 온전한 아이 것으로 바라봐주세요. 그러기 위해서는 부모부터 자신의 성과 자위를 자연스럽게 대해야 합니다. 아이의 자위행위를 자연스러운 발달단계로 바라봐주세요.

많은 부모가 아이의 성적 행동을 무작정 제지합니다. 화를 내기도 하고, 앞뒤 설명 없이 만지면 안 된다고 합니다. 그럼 아이는 혼란스러울 수 있습니다. 부모의 부정적인 반응에 자위에 대한 아이의 생각도 부정적으로 바뀔 수 있고, 좋아하는 행동을 못 하게 하는 이유를 알 길이 없습니다.

못하게 하니 더 하고 싶어지기도 할 것입니다.

성기를 만지는 아이에게는 "강하게 만지면 다칠 수 있어" 정도로 주의 주는 게 좋습니다. 성기는 민감한 곳이라 너무 비비고 만지면 병균이 들어갈 수 있다는 정도로만 말해주세요. 보통 때처럼 별일 아니라는 듯 편하게 대해주세요. 성기에 상처가 날 정도로 심하게 만지지 않으면 괜찮습니다. 다른 사람 앞에서 하지 않는다면 문제없습니다. 자위 때문에 아이를 혼내거나 겁을 주는 부모의 행동이 문제입니다. 부모가 지나치게 윽박지르면 아이는 부담을 느끼고 자기만의 비밀을 지키기 위해 부모와 거리 두기를 합니다. 아주 길고, 강력한 거리 두기가 될 수 있습니다.

부모가 아이의 자위행위를 제지하면 할수록 아이는 자위에 더 집착할 수 있습니다. 그러니 아이의 자위행위를 끊으려 애쓰지 마세요. 그보다는 아이를 더 이해하는 쪽으로 노력하면 좋겠습니다. 노력하는 부모의 마음을 아이도 알아차릴 겁니다.

더불어 아이에게 자위행위에는 지켜야 할 예절이 있다는 점을 꼭 알려주세요. 자위행위는 자연스러운 행위이지만 가족 누구라도 함께 있을 때 해서는 안 되고 혼자만의 공간에서 문을 닫고 하기, 자위하기 전 손 씻기, 강하게 자극하지 않기 등을 알려주세요. 특히 손을 씻는 행위는 청결과 함께 성적 욕구를 감소시키는 효과도 있습니다. 찬물로 인해 조금씩 욕구가 사라지게 됩니다.

별생각 없이 발을 떨거나, 머리카락을 꼬거나, 눈을 깜빡이는 행동은 자연스러운 일입니다. 별나게 볼 필요가 없습니다. 아이의 자위행위도 다르지 않습니다. 많은 부모가 수단과 방법을 동원해 아이의 자위행위를 멈추려 합니다. 그러나 부모가 어떤 방법을 쓰든 그런 식으로 아이의 자위를 막지는 못합니다.

아이가 자위행위를 한다는 것은 성적 자기 결정권을 행사하는 것입니다. 즉 아이 스스로가 자율적인 성 행동을 결정하는 것이죠. 언제든지 할 수 있고 또 그만하거나 다른 방법을 찾을 수도 있습니다. 이러한 사실을 인정해야 합니다. 자위행위는 지극히 개인적인 일입니다. 부모일지언정 아이의 사생활을 침범해서는 안 됩니다.

더불어 자위 주체가 남아일 때는 관대하고 여아일 때는 인색한 태도도 적절하지 않습니다. 여성은 성적으로 순결하고 무지하기를 바라고 정숙해야 한다는 통념이 존재하기 때문인데, 성별과 관계없이 성적 욕구가 있습니다. 여아의 자위와 남아의 자위를 다른 것인 양 보는 이중적인 잣대를 지니지는 않았는지 점검해야 합니다. 이러한 태도는 아이에게도 고스란히 스며들어 왜곡된 성 인식을 형성할 수 있기 때문입니다.

### 생활환경에 변화 주기

아이는 어느 날 우연히 성기 자극을 통한 재미를 알게 됐을 겁니다. 남자아이라면 만질수록 커지기는 게 신기하기도 하고 기분도 좋아지니 재미있다고 느꼈을 거예요. 재미있으니 자꾸만 손이 갑니다. 아이가 자위에 몰두한다면 그만한 이유가 반드시 있습니다.

심심해서, 외로워서, 사랑받지 못한다는 느낌 때문에, 스트레스 받아서 등 아이가 자위하는 데는 다양한 이유가 있는데 먼저 재미있는 일이 없을 때 자위에 몰두합니다. 재미있는 자극이 없고 심심해서 그렇습니다. 자위에 몰두하는 아이에게 관심을 두고 적극적으로 놀아주면 좋습니다.

일상생활이 만족스럽지 못할 때 자위할 수 있습니다. 자위가 아이의 공허함을 나타내는 징후일 수 있습니다. 전보다 더 많은 애정을 주세요. 재미있게 놀아주세요. 움직임이 큰 아이라면 몸 놀이도 좋습니다. 무료하게 시간을 보내고 있는 건 아닌지 살펴보면서 관심을 주세요. 부모나 가까이 지내는 어른의 적극적인 자세가 필요한 상황일 수 있습니다.

혹은 사랑받지 못한다는 느낌으로 불안하여 성기를 만지는 아이일 수 있습니다. 자극을 통해 자신을 위로하고 있을 수도 있습니다. 그런 아이에게 자위를 이유로 벌을 준다면 너무 큰 상처를 주는 것입니다. 부모의 애정 어린 손길을 마다할 아이는 없습니다. 자위에 몰두하는 아이가 있다면 더 많이 안아주고 업어주며 사랑을 표현해주세요.

부모의 사랑을 표현하셔야 합니다. 표현하지 않으면 아이는 모릅니다. 아이가 자위에 몰두하는 원인은 대체로 심리적인 요인 때문입니다. 아이에게는 관심이 필요하죠. 아이와 함께 나누는 시간을 늘려보세요. 혼자서도 잘 노는 아이가 그동안 혼자서 놀 수밖에 없었던 환경은 아니었는지 양육환경을 들여다보세요. 아이와의 상호작용에는 문제가 없는지 점검하세요. 아이가 현재 불만족스러워하는 부분이 무엇인지 살펴봐야 합니다. 아이가 자위하는 원인을 찾고 생활환경에 변화를 주세요.

성욕은 연령과 성별을 막론하고 인간의 기본적인 욕구입니다. 성욕을 해소하는 방법 중 자위는 자신의 몸을 온전하게 사랑하는 것입니다. 자신의 욕구를 무조건 회피하거나 이에 죄책감을 지니는 건 건강하지 않습니다. 사람은 자기의 몸을 있는 그대로 사랑해야 합니다.

자위행위는 성적 욕망을 표현하는 자연스러운 행위입니다. 성적 욕망을 안전하게 표현하고 해소하는 방법이기도 합니다. 아기도 할머니도 할아버지도 자위할 수 있습니다. 나이에 따라 성적 욕망이 사라지는 게 아니기 때문입니다.

자위행위가 신체를 손상한다거나 정신적으로 해를 끼친다는 근거는 어디에도 없습니다. 다만 지나치면 문제가 될 수 있습니다. 아무것도 안 하고 온종일 자위만 한다거나, 일상생활에 방해가 될 정도라면 문제지만, 그게 아니라면 건강한 발달과정 중 하나일 뿐입니다. '머리가 나빠지나요?' '키가 크지 않나요?' '탈모가 오나요?' 등은 아이들이 자위와 관련하여 주로 하는 질문들입니다. 모두 기우에 불과합니다.

지금껏 자위행위는 나쁜 행동으로 치부됐습니다. 자위행위로 인하여 정신이상을 초래한다든가 성 기능에 문제가 생긴다는 등의 근거 없는 이야기가 많았습니다. 오히려 영국 온라인 매체 인디펜던트의 연구에 따르면 자위를 통해 느끼는 오르가슴이 엔도르핀을 증가시켜 우울증을 막아주는 효과가 있다고 합니다. 또한 호주 시드니 대학교 공중위생학자

앤서니 샌텔라(Anthony Santella) 교수와 그의 동료 스프링 셰노아 쿠퍼(Spring Chenoa Cooper) 교수는 자위행위가 당뇨병, 전립선암, 방광염 등 다수의 질병을 예방하는 효과가 있다고 밝히기도 했습니다.

### 필요한 건 자위 예절

그러니 자위하는 아이를 목격한다면 너무 놀라지 마세요. 그 자리에서 아이에게 소리를 지르는 것은 좋은 방법이 아닙니다. 방에서 무슨 짓을 하는 거냐며 아이에게 창피 주는 일은 없어야 합니다. 도덕적으로 비난하거나 소리를 질러서도 안 됩니다. 아이에게 필요한 것은 자위 예절이지 수치심이 아닙니다. 수치심은 자신을 부정할 때 생깁니다. 자신의 감정에 솔직한 아이를 나쁜 사람이라고 여기에 두지 마세요. 자기 부정의 씨앗이 될 수도 있습니다.

앞서 설명한 유아의 자위행위 대처법보다 조금 업그레이드된 버전이라고 생각하면 되겠습니다. 부모가 방문을 열었을 때 아이가 자위행위를 하면 부모도 아이도 당황할 수밖에 없습니다. 일단은 문을 닫고 시간이 좀 지났을 때 아이와 대화를 나누세요. 대화는 가급적 빨리 부모의 사과로 시작해야 합니다.

유아기를 지난 아이라면 "엄마가 미안해, 갑자기 방문을 열어서 ○○이를 놀라게 했어. 이건 엄마가 잘못한 행동이야"라고 해야 합니다. 부모가 이렇게 먼저 말해야 아이도 마음을 진정하고 대화할 수 있습니다. "엄마도 놀란 건 사실이지만 ○○이가 한 행동은 건강하기 때문에 하는 거야. 자연스러운 현상이야. 괜찮아"라고 말해주세요.

오히려 아이와 가까워질 수 있는 계기가 될 수 있습니다. 위기가 곧 기회라는 말도 있습니다. 아이가 부끄럽고 창피하다고 생각한 것을 부모가 인정해준다면 아이는 부모를 신뢰할 수 있게 됩니다. 방문을 열어 자위하는 아이를 목격했을 때 사과부터 하세요. 관계의 물꼬를 트는 기회가 될 것입니다.

**★중요 포인트★**

**자위행위는 성적 자기 결정권을 행사하는 것이자, 성적 욕망을 안전하게 표현하고 해소하는 것입니다. 아이의 자위행위를 자연스러운 일로 받아들이고, 자위 예절을 알려주세요.**

# 아이의 혐오 표현을 멈춰주세요

대부분의 혐오 표현은 일상 속에서 사용됩니다. 그리고 혐오 표현은 사회적으로 소수자와 약자에 대한 편견을 바탕으로 만들어지는 경우가 많습니다. 어른이든 아이든 사회적 약자에 관한 혐오 표현을 멈춰야 합니다.

사회적 약자인 여자를 겨냥한 '된장녀' '김여사' '맘충'이 대표적인 혐오 표현입니다. '여자가 무슨 자신감으로 화장도 안하고' '여자나이 30세가 넘으면 똥차' 등의 발언도 혐오 표현입니다.

아이도 혐오 표현을 씁니다. '개근거지' '느금마' '니애미' '잼민이'는 아이들이 사용하는 혐오 표현입니다. '개근거지'는 체험학습을 가지 못하는 아이를 못사는 집의 아이로 낙인찍는 것이고, '느금마'는 '너희 엄마'를 뜻하는 경상도 사투리가 아이들 사이에서 상대방 부모를 욕할 때 사용되는 것이며, '잼민이'는 초등학생을 비꼬는 혐오 표현입니다.

아이가 혐오 표현을 사용하는 것도 문제지만, 이를 일종의 또래 놀이 문화로 여기는 것도 문제입니다. 아이는 누구를 향한 말인지 의미가 무엇인지 잘 모르고 혐오 표현을 쓰는 경우가 많습니다. 습관적으로 내뱉는 말이 누군가를 공격하고 상처 입히는 것입니다.

유튜브를 통해 혐오 표현을 배우는 아이가 많습니다. 유튜버의 욕설이나 혐오 표현에는 아직 법적 제재가 미비합니다. 아이가 유튜브를 이용해 공부하거나 게임하거나 K-팝을 시청하는 과정에서 유튜버의 혐오 표현을 무의식 중에 받아들일 수 있습니다. 그리고 이는 아이의 언어에 악영향을 줄 수 있습니다.

그러나 부모가 아이가 못된 것을 배운다며 유튜브 시청을 무조건 막으면 아이는 어떻게 할까요? 몰래 볼 겁니다. 이때는 아이가 주로 시청하는 채널이 무엇인지를 차분하게 물어보고, 이에 관해 대화를 나눠보세요. 아이가 시청하는 채널이 문제되는 부분과 좋은 부분을 구분해 이야기해 보세요.

초등학교 고학년이나 사춘기에 아이의 입이 거칠어지기도 합니다. 지켜보는 부모는 불편하고 걱정도 되고 완벽하게 통제하고 싶겠지만 그럴수록 아이는 반항합니다. 아이의 입으로 나오는 말이 아이의 모든 것은 아닙니다. 일부분을 전부로 오해하지 마세요. 아이의 혐오 표현에 대해

'너는 왜 그 모양이야?' '그딴 식으로밖에 말하지 못해?'라고 접근하는 것은 매우 위험합니다. 아이의 전부를 문제로 치부하는 것이기 때문입니다.

아이가 혐오 발언을 한다면 "○○아, 그 말이 어떤 의미인지 알고 말하는 거야? 화가 난다고 그런 말을 쓰면 안 돼. 그건 ○○이랑 다른 사람을 파괴하는 무서운 말이야"라고 분명하게 알려주세요. 아이가 스스로 혐오 표현이 왜 문제되는지 느끼게 해야 합니다. 부모와 아이 함께 혐오 발언에 대한 대화를 통해 문제점을 짚고 앞으로 사용하지 않도록 해야 합니다.

아이의 혐오 표현 사용 횟수를 줄이게끔 교육해야 합니다. 그리고 아이의 말을 바꾸고 싶다면 먼저 부모의 말부터 점검해야 합니다. 아이의 말은 부모의 말을 반영할 수 있기 때문입니다. 아이는 자주 듣는 말을 닮아갑니다. 아이가 부모의 말에서 혐오 표현을 익힌 것은 아닌지 점검해봐야 합니다. 아이가 바른 언어를 사용하도록 이끌어주세요.

# 성적 표현물을 보는 아이를 바르게 지도하고 돌봐주세요

성적 호기심은 건강한 욕구입니다. 부끄러워할 필요 없습니다. 부모도 아이가 성적 호기심을 지닐 수 있다는 사실을 인정해야 합니다. 그러나 성적 호기심을 성적 표현물을 통해 해소하려는 것은 적절하지 않습니다.

성적 표현물에는 폭력이 가득하여 이를 아이가 보면 잘못된 성 개념을 심어줄 수 있습니다. 성적 표현물을 보지 않으려는 노력이 필요합니다. 성적 표현물을 만든 사람은 돈을 목적으로 유해한 영상을 만든 어른입니다. 아이들 보기에 민망합니다. 어른의 사과로 성교육이 시작되어야 합니다.

아이가 성적 표현물을 보는 걸 목격한다면 놀라겠지만 일단 침착하세요. 자위하는 아이를 목격했을 때처럼 일단은 '미안해!'라고 한 뒤 문을 닫고 나오세요. 심호흡하고 마음을 진정하고 어느 정도 준비가 되었다면 가급적 빨리 말을 건네야 합니다.

'엄마가 노크 없이 방문을 열어서 미안해'라고 하세요. 적잖이 놀랐을 아이에게 꼬치꼬치 캐묻는 것은 좋지 않습니다. '사람은 누구나 성적 호기심이 있어. ○○이도 마찬가지고. 그러니 성적 표현물을 볼 수도 있어. 괜찮아'라고 말하여 아이를 안심시킵니다.

'성적 표현물을 보고 싶은 유혹을 느끼는 것은 정상이야. 사실은 엄마도 본 적 있어. 그런데 엄마가 보니까 성적 표현물에는 문제가 많더라고' 하며 문제점을 설명해주세요. 팝콘 브레인처럼 강한 자극에 반응하게 만들어 중독으로 연결될 수도 있는 위험성도 설명해주세요. '○○이가 성적 표현물을 본 느낌은 어때?'라고 아이에게 물어봅니다.

아이가 무언가 찝찝하다는 뉘앙스로 이야기하면 '성적 표현물에 빠지지 않기 위해 엄마랑 같이 약속할 수 있는 게 무엇인지 얘기해볼까?'라며 중독되지 않도록 할 방법을 설명합니다. 아이와 함께 협의된 약속이어야 아이가 약속을 지킬 가능성이 커집니다.

궁금한 게 생기면 언제든 질문해도 좋다고 말해주세요. 사실 아이에게 질문하라고 말하기 전에 질문할 수 있는 관계 맺음이 우선입니다. 성적 표현물에 등장하는 것은 어른들이 돈을 벌기 위해 만든 가짜 성이라는 것도 꼭 알려주세요.

아이가 건강한 성과 성적 표현물 속의 가짜 성의 차이를 확실하게 일러줘야 합니다. 건강한 성과 가짜 성을 구별하기 위해서 건강한 성의 특징을 정확하게 알려줘야 합니다. 부모는 진짜 성을 경험했기에 사랑과 생명, 쾌락을 아이에게 설명해줄 수 있습니다.

무작정 휴대폰을 빼앗거나 컴퓨터를 못 하게 하는 부모도 있습니다. 당장은 아이가 보지 않을 수도 있습니다. 그러나 부모의 눈을 피해 다양한 방법을 찾는다는 사실을 간과해서는 안 됩니다.

아이가 어떤 성적 표현물을 보느냐보다 어떻게 보느냐가 중요합니다. 아이는 주변의 다양한 환경에서 성적 표현물을 접할 수 있습니다. 가정에서 꽁꽁 싸맨다고 안심할 일이 아닙니다. 많은 아이가 경험하는 일이라면 우리 아이만 피해가리란 보장은 없습니다.

아이가 성적 표현물을 접하는 걸 완전히 막을 수는 없습니다. 가장 좋은 방법은 성적 표현물에 관한 아이의 판단력을 키워주는 것입니다. 아이가 성적 표현물을 보더라도 어떤 점이 잘못인지 스스로 판단할 수 있으면 됩니다.

성적 표현물은 남자아이만 볼 것이라고 생각하는 부모도 있습니다. 여자아이는 성적 표현물에 관심이 없으리라 생각하는 것 역시 편견입니다. 게임이나 웹툰만 보더라도 아이를 자극하는 장면이 너무나 많습니다. 이런 매체를 자주 접하면 성별과 관계없이 왜곡된 성 인식을 지닐 수 있습니다.

아이가 성적 표현물을 보는 걸 모른 척하는 건 좋은 방법이 아닙니다. 아이는 언제 어디서나 마음만 먹으면 성적 표현물을 볼 수 있는 환경에서 살고 있습니다. 아이가 더 강한 인상을 주거나 새로운 유형의 성적 표현물을 찾을 수도 있습니다. 그러니 부모와 아이가 반드시 대화하는 시간을 가져야 합니다.

부모를 통해 진짜 성을 이해한 아이라면 어떤 성적 표현물을 보더라도 흔들리지 않을 수 있습니다. 성적 표현물 보는 아이에게 부모가 힘이 되어주세요. 아이가 성적 표현물을 본다면 성적 표현물이 주는 감정을 건강한 감정으로 바꿔주어야 합니다.

아이에게 운동을 추천하는 것도 좋은 방법입니다. 운동은 성 에너지를 분산시켜주고, 몸이 건강해지면 마음에도 변화가 생깁니다. 성적 표현물을 거부할 힘이 생기고, 자신감도 향상됩니다.

아이가 성적 표현물을 보지 않는 것이 가장 좋지만, 성적 표현물을 봤더라도 부모가 어떤 태도를 취하느냐에 따라 결과는 다를 수 있습니다. 성적 표현물을 본 아이를 대하며 자녀교육의 위기가 아닌 기회라고 생각하세요.

성적 표현물을 본 아이를 때리는 부모도 있는데, 이유를 불문하고 아이를 때려서는 안 됩니다. 아이를 때리는 행동은 잘못입니다. 만약 때린 적 있다면 '내가 왜 때렸을까?' 그 이유를 곰곰이 생각해보세요. 다시는 그런 일이 발생하지 않도록 원인을 찾아 고치도록 합니다.

아이를 때리면 아이가 행동을 교정할 거라 생각하는데 이는 큰 착각입니다. 아이는 문제행동을 고치기보다 맞았을 때의 모멸감을 더 강하게 기억합니다. 성적 표현물 보는 아이를 절대로 때리지 마세요.

부모는 아이가 몰라도, 실수해도, 잘못해도 가르쳐야 합니다. 소중한 내 아이이기 때문입니다. 성적 표현물을 보는 아이를 보고 감정이 격해진다면 그때는 질문하지 마세요. 나의 감정에도 까닭을 묻지 말고, 마음의 평화가 찾아오면 그때 넌지시 아이에게 질문하도록 하세요.

사춘기 때 부모가 강하게 반응하는 것은 좋지 않습니다. 아이도 당황했을 테니 조금만 참고 한걸음 물러나세요. 모른 척하라는 게 아닙니다. 아이가 안정을 찾을 때까지 기다려줘야 한다는 의미입니다. 그래야 아이도 스스로 상황을 정리할 수 있을 겁니다.

부모 스스로 마음의 안정을 찾는 것도 필요합니다. 화난 상태에서 아이에게 말 걸지 마세요. 일단 마음을 가라앉혀야 합니다. 숨을 깊이 쉬어보고 화난 감정을 가라앉히는 방법을 찾아야 합니다. 아무리 진정하려고 해도 진정이 안 된다면 훈육은 다음으로 미뤄야 합니다. 부모는 아이를 이해하고 아이에게 힘이 되어주어야 하니까요.

# 아이의 연애를 인정하고 잘 이끌어주세요

요즘 아이들은 초등학생 때부터도 연애하며 상대방에게 당당하게 애정을 표현합니다. 아이에게도 연애할 권리가 있습니다. 아이에게 연애는 자기 결정권을 행사하는 일입니다. 부모가 이를 이해하지 못하고 무조건 제재를 가하거나 자꾸 개입하여 지도하려고 하면 아이는 자신의 주체성을 뺏겼다고 느껴 반감을 갖게 될 수 있습니다.

아이가 연애하면 공부에서 멀어진다고 걱정하는 부모도 있습니다. 아이의 연애는 충동적이고 미숙하다고 생각하거나, 공부에 방해가 되는 쓸데없는 감정소비라고 여기기도 합니다. 그럴 수도 있습니다. 그러나 아닐 수도 있습니다. 주체적으로 자신의 삶을 주도하는 아이라면 연애 때문에 본인의 일을 놓치거나, 상대방에게만 자신을 맞추어 무책임하게 행동하지 않을 것입니다.

그리고 아무리 어른이고 부모라 할지라도 아이의 감정을 충동적이고 미숙하다고 치부할 자격은 없습니다. 부모의 기대나 욕심 때문에 아이가 느낄 수 있는 감정을 통제하는 것도 적절하지 않습니다.

부모는 아이가 좋은 경험만 하고 살길 바랄 겁니다. 그렇다 보니 때때로 아이의 감정까지 통제하려고 합니다. 이런 부모의 마음과 개입이 늘 옳은 것은 아닙니다. 아이에게도 좋고 싫은 게 있습니다. 아이에게도 의지가 있고 감정이 있습니다.

많은 부모가 아이의 연애를 막으려고 합니다. 그러나 무조건 막으려고 하면 아이는 비밀스러운 연애를 시작하게 됩니다. 연애 중에 어떠한 문제가 생겨도 부모를 찾지 않게 됩니다. 아이가 자신의 연애를 가족에게 자유롭게 이야기할 수 있게 해주세요. 그런 분위기를 만들어주세요. 아이는 부모를 믿는 만큼이나 더 안전하고 건강하게 연애할 수 있을 겁니다.

아동청소년심리센터 허그맘에서 5~15세 자녀를 둔 부모 100명을 대상으로 진행한 '자녀의 이성교제에 대한 생각 조사'에 따르면 부모의 64%가 자녀의 연애에 '불필요하다'라고 답했고, 32%만 '필요하다'고 답했습니다.

동일한 설문조사 대상을 아이들로 바꾸었을 때 아이의 80%가 연애에 '찬성한다'고 답했습니다. 이성 교제의 장점으로는 '내 편이 생긴다' '외롭지 않다' '같이 하고 싶은 것을 할 수 있다' '학교생활이 더 행복하다' 등을 꼽으며 연애를 긍정적으로 생각하고 있음을 보여줬습니다.

부모가 아이에게 연애를 허용하는 분위기를 마련해줘야 합니다. 부모가 아이의 애인을 아이의 다른 친구들처럼 받아들이면 자연스러운 분위기가 형성될 수 있습니다. 아이와 편안한 관계를 만들 수 있고, 아이는 떳떳하고 바르게 연애할 수 있을 겁니다.

유대인의 격언 중 "연애에 빠진 자녀를 집에 붙잡아두는 것은 백 마리의 벼룩을 울타리 안에 가두기보다 어렵다"가 있습니다. 말린다고 될 일이 아니라는 것입니다. 그러니 아이에게도 연애할 권리가 있음을 인정해주세요. 눈치 보지 않고 당당하게 연애할 수 있도록 아이를 믿고 이끌어주세요.

아이의 연애를 인정하기로 했다면 먼저 아이를 축하해줘야 합니다. 그래야 아이가 개방적이고 떳떳하게 연애할 수 있습니다. 아이가 부모에게 연애를 알리면 "○○이가 좋아하는 친구가 생겼다니 정말 축하해. 서로 예쁘게 만나고 사귈 때 지켜야 하는 예절은 알지? 좋아. 잘할 거라 믿어. 엄마의 도움이 필요하면 언제든지 얘기해줘" 정도만 얘기해주세요.

아이의 연애를 평가하거나, 아이의 연애에 지나치게 간섭하면 안 됩니다. 아이는 또래 관계에서 자신의 위치를 확인합니다. 소속감과 안정감을 느끼고, 친구와의 상호작용을 통해 관계를 맺고 유지하는 법을 배웁니다. 아이의 연애를 존중하는 부모를 아이도 신뢰합니다.

부모는 아이의 연애 이야기를 들어주는 상담자 역할을 하면 됩니다. 부모 눈에는 아이가 연애는 무슨 연애인가 싶을 수 있습니다. 소꿉놀이 같기도 하고 그다지 중요한 이슈로 보이지 않을 수도 있지만 아이 입장에선 꽤 진지한 인간관계의 문제입니다. 아이는 건강한 연애를 통해 대인관계를 발달시킬 수 있습니다.

아이가 연애를 시작했다면 바르게 연애하도록 이끌어주세요. 먼저 연애는 상대를 소유하는 게 아니라는 걸 알려주세요. 연애는 상대와 관계를 맺고 유지하는 것입니다. 연애를 상대를 소유하는 것으로 알았다면, 자칫 연애하다가 상대방이 거절했을 때 받아들이지 못하고 막무가내로 행동하여 서로의 감정에 큰 상처를 낼 수 있습니다.

아이가 연애하다가 헤어지면, 부모의 연애 경험을 이야기해주며 연애를 시작한 것보다 중요한 것은 잘 헤어지는 것이라고 말해주세요. 많은 추억을 함께했고 다양한 감정을 주고받던 상대와의 헤어짐을 받아들이기 어려울 수 있습니다. 특히 이별을 통보받는 입장이라면 고통이 크고, 배신당했다고 느낄 수도 있습니다. 이별의 이유를 받아들이기 어려워하기도 합니다.

이별에도 예절이 필요합니다. 아이에게도 이별에 필요한 예절을 알려주세요. 이별을 고하는 입장일 때는 이별하는 이유, 이별을 결심하게 만든 그동안의 감정을 상대방에게 설명해줘야 한다고 알려주세요. 한때 각별했던 사람에 대한 최소한의 예의이자, 사람과 사람 사이의 예의임을 아이가 배울 수 있도록 설명해주세요.

이별을 통보받은 입장에서는 어둠 속으로 자신을 밀어넣지 않도록 도와주세요. 부정하고 싶지만 현실을 받아들여야 하고, 무조건 상대에게 매달리는 건 잘못된 행동임을 알려주세요. 일방적으로 계속 연락한다거나, 상대에 관한 좋지 않은 소문을 퍼트리는 행동은 명백한 폭력임을 알려주세요. 이별이 실패의 경험이 아니라 또 다른 연애를 위한 준비과정이 될 수 있도록 부모가 아이를 도와주세요.

아이의 스킨십 문제를 놓고 고민하는 부모도 있습니다. 부모가 아이에게 스킨십을 어느 선까지만 허락해야 한다고 정해주는 것보다 당사자의 합의가 중요합니다. 연애에서 스킨십은 서로가 허락한 범위, 서로가 책임질 수 있는 선이 핵심이자 원칙이 되어야 합니다. 그리고 스킨십에는 반드시 동의가 필요합니다. 서로 감정을 표현하고 동의를 구하며 관계 맺는 게 필요합니다.

간혹 여자(남자) 친구나 와이프(남편)의 몸이 내 것이라고 생각하는 경우가 있습니다. 그래서 본인이 원할 때 언제든 상대에게 스킨십해도 된다고 생각합니다. 상대의 의사보다 자신의 욕구를 중요시하는 이런 태도는 문제가 있습니다. 또한 상대방이 스킨십을 거부했는데도 요구하는 건 강요이자 폭력입니다. 상대를 사랑한다면 더 많이 아끼고, 서로의 차이를 어떻게 좁힐지 고민해야 합니다.

연애는 내가 하고 싶은 것을 상대방이 무조건 받아들여주는 게 아닙니다. 이런 태도가 바뀌지 않는다면 데이트 폭력으로 이어질 수 있습니다. 아이가 어렸을 때부터 올바른 가치관을 지니고 사람을 사귈 수 있도록 가정에서 지도해주세요.

상대와의 시간 약속 잘 지키기, 데이트 비용은 어떻게 부담할 것인지, 연애 때문에 해야 할 일 놓치지 않기, 상대를 배려하며 경계 존중하기뿐 아니라 아이에게 도움될 만한 연애 팁도 알려주면 좋습니다. 연애를 시작한 아이가 바르게 연애할 수 있도록 이끌어주세요.

# 아이가 부부의 성관계를 봤다면 '미안해'로 시작하세요

우리나라에서는 부모와 아이가 큰방에서 함께 자는 경우가 많습니다. 그렇다 보니 부모의 부주의로 난감한 상황이 발생하기도 합니다. 아이가 부부의 성관계를 목격했다면 나이를 불문하고 충격 받을 겁니다. 딱 한 번이라도 실수는 실수입니다. 그러니 부부의 성관계는 각별히 신경 써야 합니다.

성관계 장면을 보이지 않는 게 최선입니다. 섹스하기 전에 문을 잠그는 습관을 들여야 합니다. 아이에게는 부모의 방에 들어오기 전에는 노크하는 예절을 알려주세요. 당연히 부모도 아이 방에 들어갈 때 노크해야 합니다.

신경을 썼는데도 "방문을 잠그니 베란다를 통해 창문으로 들어왔어요." "분명히 방문을 잠갔는데 아이가 열고 들어왔어요(젓가락으로 연 것 같아요)." "곯아떨어진 거 확인하고 시작했는데 아이가 깼어요." 이렇듯 아이에게 성관계하는 걸 보이고 말았다는 부모가 제법 있습니다.

이런 상황이라면 아이와 반드시 이야기를 나눠야 합니다. 아이를 우선 안심시키세요. 시작은 사과입니다. 부모가 사생활을 제대로 보호하지 못해서 생긴 일이니까요. 성관계는 지극히 사적인 행동입니다. 다른 누군가에게 보여줄 일이 아닙니다. 그러니 아이에게 미안한 것이고, 사과부터 하는 것이 우선입니다. 부부의 성관계 장면을 목격한 아이에게 '놀라게 해서 미안해'라며 다가가야 합니다.

아이를 앉혀놓고 일방적으로 주저리주저리 설명하는 부모도 있는데 적절한 방법이 아닙니다. '○○아! 미안해. 많이 놀랐지?'라고 시작합니다. '뭘 봤어? 뭐 하는 건지 알아?'라고 질문합니다. 아이의 발달 수준에 따라 답이 달라질 텐데 '엄마 아빠가 싸웠어' '레슬링했어' '아빠가 엄마를 아프게 했어'라고 답할 수도 있습니다. 싸운 것도 아프게 한 것도 아니라는 걸 말해주세요. 사랑하는 부부가 하는 놀이라는 정도만 설명해도 충분합니다.

아이가 어느 정도 성장한 상황에서는 "많이 놀라게 해서 미안해. 엄마 아빠는 사랑하는 사이야. 그래서 결혼도 했지. 지금도 사랑하고 있어. 사랑을 표현하는 방법은 다양한데 엄마 아빠는 몸으로 사랑을 나누기도 해. 서로 원해서 하는 거야. 그러니까 걱정하지 마" 정도로 말하면 됩니다. 그

뒤 아이의 반응을 살펴보세요.

아이나 부모나 모두 충격 받을 만한 상황이지만, 아이는 외면하지 않고 차분하게 설명해주는 부모의 이야기를 들으며 차츰 이해하게 될 겁니다. 덧붙여 '엄마, 아빠가 몸으로 사랑을 나누는 것에 궁금증이 생기면 언제든지 얘기해도 좋아. 설명해줄게'라고 말해주세요.

혹 아이가 다시 질문한다면 에둘러 표현한 그림책이 아닌 사실적 성관계를 보여주는 책으로 설명해주세요. 그리고 부모가 지레짐작하여 아이에게 지나치게 설명할 수 있으니 그 점도 주의해주세요.

간혹 들킬까 걱정되어 부부관계를 아예 하지 않는다는 부모도 있는데, 부부를 위해서도 현명한 방법이 아닙니다. 다양한 사랑의 표현방식 중 성관계도 사랑을 표현하는 방법이니까요.

조금 더 현명한 방법은 어떨까요? 부부만을 위한 날을 잡아서 호텔이나 다른 곳에서 둘만의 시간을 보내는 건 어떨까요? 그럴 수 없는 환경이라도 둘만의 오붓한 시간을 즐길 수 있도록 다양한 방법을 생각해보세요.

부부 성관계를 들켰다고 자책하지는 마세요. 아이에게 들킨 게 문제이지 성관계 자체가 문제는 아닙니다. 성관계 자체를 미안해하는 경우도 있는데, 부부관계는 당당해야 합니다.

PART 5

# 미리 준비하는 아이의 사춘기

# 사춘기 아이의 몸과 마음의 변화를 미리 준비해주세요

사춘기는 한날한시에 찾아오는 게 아니라 사람마다 다르게 시작되는 만큼 사춘기에 따른 아이의 몸과 마음의 변화를 미리 준비해두어야 합니다. 특히 아이의 2차 성징에 따른 변화에 당황하지 않고 잘 대처할 수 있도록 미리 관련 지식을 쌓아두세요.

아이가 사춘기에 접어든 것을 어떻게 파악할 수 있을까요? 이에 대해 "착했던 아이가 말을 안 들어요" "방문을 닫기 시작했어요" "귀에 이어폰을 꽂고 제 말을 안 듣기 시작했어요"라고 토로하는 부모도 있습니다.

부모마다 아이의 사춘기에 대한 경험이 각각 다르지만, 위 이야기에서 찾을 수 있는 공통점은 아이에게 자신만의 '경계'가 생겼다는 겁니다.

일반적으로 아이는 사춘기 전까지 양육자를 통해서 세상을 보지만, 사춘기 이후에는 스스로 세상을 바라보는 방법을 찾습니다. 이 과정은 심리적 독립을 위한 초기 단계입니다.

사춘기를 표현하는 것 중에 '초4병' '중2병'이라는 단어가 대표적입니다. 사춘기를 마치 병처럼 치부하는 문화는 청소년을 이해하기 어렵게 만듭니다. '원래 그런 시기야'라면서 소통할 수 있는 창구를 막게 됩니다. 사춘기는 마음과 몸이 변하는 시기입니다. 몸의 변화는 눈에 띄니 알아차리기 쉽지만 마음의 변화는 눈치채기 어렵습니다. 그러니 사춘기를 정확히 이해하는 과정이 부모에게 필요합니다.

사춘기에는 감정을 담당하는 기관이 빠르게 발달하여, 수시로 감정 변화가 일어나고, 감정 기복이 심해지기도 합니다. 아이가 간섭받는 것을 아주 싫어하고, 작은 일에도 화를 낼 수 있습니다.

사춘기 이전에는 부모와 많은 시간을 보낸다면, 사춘기 이후에는 친구들과 시간 보내는 것을 더 좋아합니다. 이 시기에 아이가 느끼는 감정이 다양한 것은 자연스러운 일입니다. 사춘기를 흔히 아이가 '반항하는 시기'라고 하는데, 앞으로는 '성장에 적응하는 시기'라고 표현하면 좋겠습니다.

아이에게 사춘기가 되면 다양한 감정을 느낄 수 있다고 미리 설명해주세요. 말로 표현하기 어려운 감정도 생길 수 있는데 괜찮다고 말해주세요. 아이는 자신이 느끼는 감정이 이상하다고 고민할 수 있기 때문입니다. 나아가 아이의 감정변화를 있는 그대로 이해해줘야 합니다.

아빠의 간섭이 도를 지나치다며 집을 나가고 싶다는 아이가 있었습니다. 아빠가 친구와 통화 중에도 끼어들고, 매일 휴대폰을 확인했던 것입니다. 옷차림도 지적하고 공부하라며 잔소리를 했습니다. 아이를 위하는 마음으로 한 말이겠지만, 부모가 사랑을 이유로 하는 많은 것이 아이 입장에서도 사랑과 관심일지 점검해봐야 합니다.

아이의 마음을 모른 채 던지는 많은 것이 아이를 아프게 할 수 있습니다. 아이는 부모의 간섭이 심해질수록 '비뚤어질 거야'라고 마음먹을지 모릅니다. 이성적 사고를 담당하는 전두엽은 사춘기가 되면 발달 속도가 늦춰집니다. 그래서 감정변화를 조절하기 어렵습니다. 아이의 낯선 감정과 표현에 아이도 부모도 당황하게 되는 것이지요. 그러나 모두 자연스러운 성장과정 중 하나이니 너무 걱정하지 말고 지켜봐주세요.

아이가 다양한 변화로 인해 힘들어한다면 감정을 해소하기 위한 방법을 제시해주는 것도 좋습니다. 자신만의 감정 해소법을 아이와 공유해보는 건 어떨까요? 감정 해소법을 아이에게 공유하며 아이와 마음의 거리가 한층 좁혀지는 기분을 느낄 수 있을 것입니다.

사춘기 아이의 또 다른 특징은 가깝게 지냈던 주변 사람을 성별을 기준으로 거리를 둔다는 것입니다. 예를 들면, 남자아이가 같은 반 여자 친구를 '수진아'라고 불렀다면, 사춘기 이후부터는 이름을 부를 때 앞에 성을 붙여 '김수진'이라고 부릅니다. 이성 친구와 동성 친구를 다르게 인식하는 증거입니다.

아이의 사춘기가 시작되면 부모의 눈에는 거슬리는 게 많아질 수 있습니다. 이럴 땐 '그럴 수도 있지!'라고 인정하세요. 아이의 변화를 적절히 넘길 수 있는 능력을 키워야 합니다. 사춘기 아이가 자기 삶의 방향을 스스로 선택하고 살아갈 수 있도록 존중해주세요. 사춘기는 많은 것을 연습하는 시기입니다.

말의 내용보다 표현 방식에 민감하다는 것도 알아두세요. 간섭하면 할수록, 말이 거칠어질수록 아이는 밖으로 튕겨나갑니다. 아이가 성장에 적응하는 시기인 만큼 있는 그대로의 아이를 존중해주세요. 사춘기에 나타나는 아이의 다양한 변화를 인정해주세요.

### 초등 저학년부터 2차 성징 교육

사춘기에는 2차 성징이 나타납니다. 그런 2차 성징을 사춘기에 들어서 준비하는 것보다 초등 저학년부터 미리 준비시키는 게 바람직합니다. 아이가 준비되지 않은 상태로 급격한 몸의 변화를 맞이하면 당황할 수 있기 때문입니다. 아이마다 차이는 있지만, 일반적으로 초등학교 고학년이면 2차 성징을 경험합니다. 그러니 그전 저학년 때부터 사춘기에 따라 변화하는 몸에 대해 교육해야 합니다.

2차 성징이 나타나니 그때서야 '이제 시작해볼까!' 하고 알려주면 늦습니다. 마음의 준비를 할 수 있게 미리 알려주는 게 좋습니다. 2차 성징을 받아들이는 자세는 아이마다 다릅니다. 아이가 2차 성징을 자연스럽게 긍정적으로 받아들이도록 교육해야 합니다. 자기 몸을 스스로 책임지는 자세를 지니도록 교육하는 게 중요합니다.

신체는 어떻게 구성되는지, 어떻게 사용하는지를 알아야 안전하게 성장할 수 있습니다. 이론으로 알아도 막상 현실에선 전혀 다른 경험이 되니까요. 그러니 더 관심을 두고 구체적으로 교육해야 합니다. 운전에 대한 사전 교육이 필요하듯 2차 성징도 같은 맥락으로 이해하면 좋겠습니다.

2차 성징이 나타난다는 것은 생식에 대한 관심이 생기는 것을 의미합니다. 제대로 된 성 인식이 생길 수 있는 만큼 이 시기의 교육이 중요합니다. 성적인 것에 호기심이 발동하여 큰 관심을 보이는 시기이기 때문에 이때 성에 대해 이해하는 것은 중요합니다.

초등학교 고학년이 되면 아이의 궁금증이 커집니다. 여아는 월경을 언제 하게 될지, 언제 가슴이 커져 브래지어를 하게 될지 궁금해하고, 남아는 포경수술과 변성기, 음모, 아침에 팬티가 젖어 있는 이유를 궁금해합니다. 아이가 이런 호기심을 갖는 것은 발달과정대로 잘 성장하고 있음을 보여주는 것입니다. 자신의 몸을 의식한다는 뜻입니다. 아이의 호기심을 풀어주는 것은 부모의 중요한 역할이기 때문에, 아이와 2차 성징에 대해 대화를 나눈다는 것은 의미 있는 일입니다.

아이에게 2차 성징을 이렇게 설명해보세요. "사춘기가 시작되면 몸이

다채롭게 변할 거야. 몸이 변하는 것은 아주 신기한 일이야. 엄마 아빠도 경험했어. 키도 더 커지고 근육도 더 생기고 지방도 늘어나. 그러니 몸무게도 늘겠지? 몸이 변하는 것은 사람마다 달라. 언제부터 변할지 아무도 몰라. 몸이 변하는 순서도 다 달라. 몸이 원하는 순서대로 변할 거야. 그래서 함께 준비하고 기다리는 거야. 앞으로 네 몸에 더 신경 쓰고 관심을 두어야 해. 알았지?" 이렇게 몸이 변하는 건 자연스러운 일이라고 설명해주세요.

아이는 2차 성징이 시작된 자기 몸을 긍정할 수도, 부정할 수도 있습니다. '내 몸이 바로 나'입니다. 자기를 긍정하는 사람이 자신을 소중하게 받아들입니다. 다리가 길고 짧든, 털이 많든 없든 상관없이 자신을 잘 받아들입니다. 타인의 눈치를 볼 필요도 없습니다. 스스로 자신을 인정하는 것만으로 충분하기 때문입니다. 타인의 눈을 의식하지 않고 자기 자신을 사랑할 줄 아는 아이로 키워주세요.

### 남자아이의 신체 변화

2차 성징이 시작된 남자아이의 몸은 급격히 커집니다. 골격과 근육이 발달하기 때문입니다. 남성 성호르몬인 테스토스테론은 사춘기가 되면서 분비되어 생식기와 골격을 크게 만듭니다. 아이의 근육이 발달하고 어깨가 벌어지며 몸 이곳저곳(생식기 주위, 다리, 겨드랑이)에 털이 납니다.

특히 '음모'에 대해 알아두어야 합니다. 음모는 성기와 두 다리 사이, 항문 주위에 납니다. 성기는 예민하고 약해서 보호가 필요한 신체기관이라 음모가 감싸주는 것입니다. 콧속의 코털이 하는 역할과 비슷합니다. 코털이 숨을 들이마실 때 들어온 먼지를 걸러내어 콧속을 보호하는 것처럼 음모도 성기를 보호하는 것입니다.

길을 가다 아스팔트에 넘어질 때와 잔디밭에 넘어질 때의 차이를 생각해보세요. 잔디밭에 넘어지면 아스팔트에 넘어질 때보다 상처가 덜할 겁니다. 음모도 이와 같은 원리로 성기를 보호합니다. 음모는 사람마다 곱슬곱슬한 정도나 굵기가 다릅니다. 음모는 보통 몽정이 있기 이전에 나기 시작하고, 음모가 날 때 수염도 나기 시작합니다. 털은 유전과 호르몬의 차이가 있기 때문에 사람마다 다르게 납니다.

음경과 음낭도 커지고, 색은 거무스름해집니다. 음낭은 몸 밖에 위치합니다. 그 이유는 다음과 같습니다. 고환에서 정자가 만들어지는데, 고환은 열에 아주 약합니다. 사람의 체온에 해당하는 정도의 열에도 정자를 만들 수 없게 됩니다. 체온 때문에 고환의 온도가 올라가면 안 되기 때문에 몸 밖에 있는 것입니다.

성장통을 경험하는 아이도 있습니다. 성장통은 주로 십대 이전이나 사춘기 초반에 나타납니다. 다리뼈에서 성장통이 시작되므로 종아리나 허벅지에 통증을 느끼게 됩니다. 오후나 저녁에 통증이 있기도 해서 잠을 자다가 심한 통증에 깨기도 합니다. 이때는 마사지를 해주면 도움이 되니 참고하세요.

여드름은 호르몬 불균형 때문에 나타납니다. 이를 제대로 알지 못하면 '잘 씻지 않아서' '피부 관리에 소홀에서'라고 오해하는 경우가 많습니다. 여드름은 씻지 않아서 발생하는 게 아닙니다. 청결의 문제가 아니라, 성장과정 중 생겨나는 현상입니다. 아이가 이러한 사실을 모른다면 자칫 여드름 난 누군가를 놀리거나 자신의 얼굴에 난 여드름 때문에 고민할 수 있습니다. 다른 친구의 몸에서 일어나는 일을 놀리지 않도록 해야 합니다. 몸에 대한 교육의 기본도 존중임을 잊지 말아야 합니다.

몸이 성장하니 성대도 커지고 길어집니다. 성대는 소리를 내는 기관인데, 성대가 커지면 저음을 내기 쉬워집니다. 일반적으로 변성기가 되면 목소리 톤이 낮아지는 이유입니다. 많은 남자아이가 변성기를 경험하는 것에 비해 여자아이는 눈에 띄는 별다른 특징 없이 지나가기도 합니다.

몸의 변화 중 하나는 땀 분비와 체취인데요, 체취는 성별에 관계없이 나타납니다. 보통 암내 혹은 액취증이라고 표현합니다. 몸 곳곳에는 셀 수 없이 많은 땀샘이 있습니다. 2차 성징 때 땀샘의 활동이 활발해지며 체취가 강해집니다. 특히 겨드랑이와 성기 주변, 정수리에서 강한 냄새가 납니다.

아이에게 액취증이 있다면 부모 중 한 명이 액취증이 있을 확률이 높습니다. 가족력에 영향을 받기 때문입니다. 체취가 심한 경우 단체생활에 스트레스를 받을 수 있습니다. 냄새가 난다는 이유로 친구들이 멀리하는 경우도 있을 수 있고요. 그럴 땐 적절한 개선 방법을 아이와 함께 찾아보세요. 항상 깨끗하게 샤워하여 몸을 청결하게 관리하고, 옷은 자주 갈아입도록 하고, 겨드랑이 세균 증식을 막는 항생제 연고를 사용하는 것도 좋은 방법입니다.

유방발달은 여아에게만 나타난다고 생각하는 경우가 있는데, 남자아이도 사춘기에 유방이 발달하기도 합니다. 사춘기에 남자아이가 가슴이 친구들보다 크고 몽우리처럼 뭔가 잡히는 게 있다면 흔히 나타나는 현상이니 너무 걱정하지 마세요. 남자 청소년의 상당수가 경험하는 자연스러운 일입니다. 일반적으로 이런 유방발달은 몇 개월부터 약 2년까지 진행되고 그 시기가 지나면 증상이 사라지니 아이가 걱정하지 않도록 설명해주세요. 그런데도 걱정된다면 병원에 방문하여 아이의 걱정을 해소해주는 것도 좋은 방법이겠습니다.

아이에게 2차 성징은 어른이 되는 표시라고 말해주세요. 남아들은 음경이 크면 큰 대로, 작으면 작은 대로 고민합니다. '왜 이렇게 음경이 작지?' '왜 털이 많이 날까?' 고민합니다. 음경의 크기는 중요한 게 아니라고 알려주세요.

더불어 많은 부모가 2차 성징으로 아이의 키가 크지 않는다며 걱정합니다. 그러한 느낌을 아이에게 투사하면 아이도 2차 성징을 부정적으로 바라볼 수 있습니다. 2차 성징은 긍정적이고 자연스러운 것입니다. 키가 크지 않을까 봐, 학업에 집중하지 못할까 봐 걱정한다고 달라지는 건 없습니다.

키에는 유전적 요인도 작용하지만, 일상 속 건강한 생활습관도 영향이 있습니다. 식습관이나 운동, 숙면 등으로 건강을 관리하고 스스로 자신의 몸을 긍정하는 아이가 될 수 있도록 해주세요. 있는 그대로의 몸을 사랑할 줄 알게 교육해야 합니다. 지금의 몸을 있는 그대로 사랑할 수 있게 도와주세요. 2차 성징에 따른 남자아이 몸의 변화를 미리 알아두고 아이에게 알려주세요.

### 여자아이의 신체 변화

여자아이도 남자아이와 마찬가지로 사춘기가 시작되면 몸이 커지고 성 기능 관련 신체 부위가 발달합니다. 에스트로겐이라는 성호르몬이 분비되어 가슴을 발달시키며 월경이 시작되면서 월경주기를 형성합니다.

여자아이의 2차 성징에 따른 몸의 변화에서 두드러지는 건 유방발달과 성기 변화입니다. 에스트로겐이 피부 및 지방을 부풀려 크고 둥글게 변하도록 작용합니다. 사춘기가 시작되면 가슴 몽우리가 만져지기 시작하고 유륜과 유두도 조금씩 튀어나옵니다. 유방발달의 시작을 알 수 있는 변화입니다. 유방은 90%가 지방 조직으로 이루어져 있고, 유방이 커지면서 유두의 색도 짙어집니다. 이때 아이와 대화하며 브래지어를 선택하는 게 좋습니다.

아이는 유방이 커지지 않아서, 작아서, 커서 고민하는 경우가 많습니다. "왜 안 커지지?" "왜 이렇게 가슴이 작지?" "가슴이 커서 창피해 죽겠어" 하고 고민합니다. 사람에 따라 유방이 큰 사람, 작은 사람이 있다는 것을 설명해주세요. 빨리 발달하는 사람, 천천히 발달하는 사람이 있다는 것도 꼭 알려주세요.

2차 성징에 대해 여자아이들은 "생식기 색깔이 이상해요" "왜 저만 월경을 안 하죠?" "가슴이 짝짝이에요" "생식기에서 이상한 냄새가 나요" 등의 질문을 합니다.

2차 성징의 속도는 기계로 찍어내는 게 아닌 만큼 사람마다 몸의 변화 속도가 다를 수밖에 없는 것을 알려주세요. 몸이 자라는 속도는 개인에 따라 다르고, 한 사람의 신체도 달리 발달할 수 있다는 것을 아이에게 알려줘야 합니다. 아이가 다른 사람들과 자신을 비교하지 않고 스스로 기준을 갖도록 설명해주세요.

아이도 처음 경험하는 몸의 변화에 예민해져서 걱정이 많을 것입니다. 아이가 안심하고 건강하게 자랄 수 있도록 가정에서 부모가 미리 2차 성징의 변화를 알려주어야 합니다. 특히 가슴이 짝짝이라며 고민하는 아이가 제법 있습니다. 자세히 살펴보면 두 개의 귀, 눈, 손, 발 모두 다르게 생겼습니다. 정확하게 대칭을 이뤄 양쪽이 똑같은 신체 부위는 없습니다. 가슴도 마찬가지입니다.

사춘기를 시작으로 음순에도 변화가 생깁니다. 음순의 색이 변하고 음모가 납니다. 음순의 색은 분홍색에서 조금씩 검은색을 띠기 시작합니다. 이러한 색의 변화를 놓고 성 경험이 많을수록 시커멓게 변한다고 여겨 음순의 색깔로 고민하는 경우도 있습니다. 신체의 모든 부위가 그렇듯 음순의 색깔이나 생김새도 개인차가 있음을 미리 알아두세요. 음모 역시 사람마다 생김새도, 숱도 다릅니다. 음모에 대해서는 남자아이 부분에서 설명한 것과 같으니 참고하세요.

질 분비물도 나오는데, 월경을 시작하기 6개월~1년 전쯤 나오기 시작합니다. 부모는 질 분비물을 통해 아이가 곧 월경을 시작하리라 예측할 수 있습니다. 이때 아이에게 미리 "분비물이 나오면 곧 월경을 시작한다는 거야. 월경을 시작하면 엄마에게도 얘기해줘"라고 말해주세요.

냉은 에스트로겐 자극에 의해 분비되며, 질 안의 건강한 환경을 위해 산성도를 조절합니다. 우리에게 필요한 좋은 물질입니다. 포궁이 월경을 준비하며 냉이 분비되는 것이고, 냉의 분비는 몸에 성호르몬이 잘 돌고 있다는 신호입니다.

냉은 옅은 흰색이나 노란색의 끈적끈적한 점액 형태입니다. 모든 여성에게 나타나는 자연스러운 것이니 아이에게도 몸에 필요한 좋은 것이라고 설명해주세요. 다만 장기적으로 분비된다면 질염 가능성도 있으니 병원에 방문해보세요. 질염은 성 경험과는 무관하게 겪을 수 있으니 아이에게 괜한 오해는 하지 마세요.

몸에서 나오는 분비물이 왠지 찝찝하고 싫어서 아무것도 안 나왔으면 좋겠다는 아이도 있습니다. 분비물 없이 아주 깨끗한 속옷을 기대하는 건 불가능합니다. 분비물이 나온다는 것은 건강한 상태라는 증거입니다. 여성의 질은 청결을 유지하는 분비물을 자체적으로 만들어내고 있습니다.

그만큼 자정작용이 뛰어나다는 것이니 굳이 세정제를 사용할 필요 없습니다.

분비물이 싫다는 이유로 생식기를 너무 자주 씻는 아이도 있고, 아이에게 청결을 이유로 세정제를 권하는 부모도 있는데, 과하게 씻으면 생식기에 꼭 필요한 세균까지 죽일 수 있습니다. 나쁜 균에 감염될 수도 있으니 씻는 방법을 아이에게 잘 설명해주세요. 비누나 세정제를 사용하는 것은 좋지 않습니다. 하루에 한두 번 질 입구나 음순을 미지근한 물로 닦는 것만으로 충분합니다.

이처럼 사춘기에는 몸과 마음에 많은 변화가 있습니다. 여러 감정을 복합적으로 경험하기도 하고, 2차 성징을 통해 몸에 다양한 변화가 나타나기도 합니다. 이러한 변화는 선택할 수 있는 게 아닌 자연적인 것이니 그 자체를 받아들이고 준비해야겠습니다.

**★중요 포인트★**

**사춘기는 몸과 마음의 변화와 성장에 적응하는 시기입니다. 아이의 다양한 변화를 인정해주세요. 특히 아이가 신체적 변화를 긍정적으로 받아들이도록 도와주세요.**

# 몽정을 자연스러운 생리현상으로 이해해주세요

정자를 만들어내는 곳이 고환이고, 고환은 매일 일정량의 정자를 만들어냅니다. 정자는 생식과 관련된 세포입니다. 정자가 여러 영양소와 섞여 정액으로 배출되는 현상을 '사정'이라고 합니다. 잠을 자며 자신도 모르게 사정하는 경우에 꿈을 꾸며 사정한다는 의미로 '몽정'이라고 합니다. 몽정은 잠자는 동안에 사정하기 때문에 자신의 의지와는 무관하게 일어납니다. 몽정해야겠다고 마음먹고 하는 게 아닙니다.

아이에게 몽정을 설명하기 어려울 수 있습니다. 그러나 여드름을 설명하는 것처럼 편안하고 자연스럽게 몸에서 일어나는 현상 중 하나라고 설명하면 됩니다. 부모는 아이가 축축하게 젖은 팬티를 보면 얼마나 당황스러울지, 속옷을 자주 갈아입는 아이가 몽정을 경험한 것인지 궁금할 수 있습니다. 그렇다고 아이에게 직접적으로 묻거나, 함부로 아이의 속옷을 뒤집어보는 것은 적절하지 않습니다.

몽정을 하면 아이도 많이 당황할 수 있습니다. 차분하게 음경을 씻을 수 있도록 그리고 속옷을 빨고 정리하는 방법도 알려주세요. 몽정은 야한 꿈을 꾸어서 하는 게 아닙니다. 잠자는 동안 성적인 쾌감이 느껴져서 정액을 배출하는 것도 아닙니다. 몽정과 야한 꿈이 반드시 연결되는 게 아닙니다. 야한 꿈이 동반될 수도 있으나 그 자체가 원인은 아닙니다. 단어의 뜻 그대로 자면서 사정하는 것이 몽정입니다.

사춘기의 전립선과 정낭선은 아직 성숙하지 못한 상태입니다. 흡수 능력이 부족한 상태다 보니 정액이 정낭 안에 머무릅니다. 그리고 누구나 잠을 자는 동안에는 중추신경을 억제하는 힘이 약해집니다. 결국, 사정 중추에 제동이 제대로 되지 않아 정액이 분출됩니다. 몽정은 남성의 몸에서 일어나는 생리적 현상입니다.

속옷 갈아입는 횟수가 부쩍 잦아진 아이를 야단쳐서는 안 됩니다. 몸의 변화를 부모에게 얘기하지 못하고 혼자 수습하는 중일 겁니다. 그보다는 '팬티 많이 사놨어'라는 말 한마디면 충분합니다. 몽정을 한 아이에게 '이제 진짜 남자가 된 거야'라고 하지 않았으면 합니다. 그보다는 '건강하게 성장하고 있다는 상징이야'라고 말해주세요. 몽정하지 않아도, 몽정해도 남자입니다. 모든 남자가 몽정을 하는 것도 아닙니다. 이러한 사실을 알고 아이에게 설명해주세요.

사춘기 때만 몽정하는 것도 아닙니다. 건강한 성인 남자도 몽정합니다. 그만큼 몽정은 자연스러운 생리현상입니다. 더불어 유정도 알아둘 필요가 있습니다. 유정은 부지불식간에 저절로 정액이 나오는 현상입니다. 체육 활동할 때 자주 나타납니다. 예를 들어 역기를 들면 힘이 많이 들어가고, 갑자기 힘을 주면 정액이 자기도 모르게 흘러나올 수 있습니다.

아이의 젖은 팬티를 보게 된다면 '아! 아이가 건강하구나!'라고 생각해주세요. 몽정은 성장의 신호이니 이를 자연스럽게 긍정적으로 인식해주세요. 몽정을 부정적으로 생각하는 아이도 있습니다. 몽정을 창피하다고 생각하기도 하고, 죄책감을 느끼기도 하고, 몽정을 할까 봐 불안해하기도 합니다. 잘 성장하고 있다는 뜻이라고, 아이가 몽정을 바르게 이해할 수 있도록 부모가 먼저 잘 설명해주세요.

# 초경을 기쁘게 맞이할 수 있도록 준비해주세요

월경의 시작을 초경이라고 합니다. 처음하는 월경이지요. 초경이 시작되는 시기는 개인마다 다릅니다. 인종·기후·생활양식·건강상태에 따라 초경을 달리 시작할 수 있습니다. 초경을 한다는 것은 아이가 건강하게 잘 성장하고 있다는 뜻입니다.

'청소년 건강행태 온라인조사'(인제대학교 상계백병원 박미정 소아청소년과 교수팀, 대한의학회지 Journal of Korean Medical Science, 2020)에 따르면 우리나라 여아의 조기 초경 나이는 10.5세입니다(평균 초경 나이는 12.6세). 초경 연령이 지속적으로 빨라지고 있음을 보여주는 통계입니다.

아이의 초경은 언제 준비해야 할까요? 아이 몸에 음모가 났다면 초경을 준비해야 합니다. 체중이 45kg 넘어도 초경을 준비해야 합니다. 아이에게 월경대를 챙겨주는 게 초경 준비의 전부라고 생각하는 부모도 있지만, 아이가 초경에 대해 알고 싶어하는 게 무엇인지부터 알아야 합니다. 많은 아이가 초경을 대하는 마음가짐이나, 학교 등 집이 아닌 밖에서 월경이 시작되었을 때의 대처법에 대해 궁금해합니다.

초경이 시작되기 전 아이에게 필요한 내용을 알려주면 좀 더 편안한 마음으로 준비할 수 있습니다. 아이가 초경을 긍정적으로 생각할 수 있도록, 자기 몸의 변화를 기쁘게 받아들이도록, 그리고 당황하지 않도록 미리 초경에 대해 알려주세요.

자신을 소중히 여길 수 있게 이야기해주어야 합니다. 초경을 시작하면 키가 크지 않을 거라 걱정하며 부정적으로 말하는 부모도 있는데, 초경을 시작했다고 성장이 멈추는 건 아닙니다.

여자아이의 키 성장은 유방이 발달되기 시작하고 초경 전까지 키 성장이 가장 활발하게 일어나기 때문에 초경 이후에는 그 성장세가 둔화되는 경향이 있습니다. 그러나 키가 아예 자라지 않는 것은 아닙니다. 초경 이후 키 성장이 더딜 수는 있지만, 키 때문에 초경을 부정적으로 바라보는 태도는 바람직하지 않습니다. 아이의 성장 자체에 큰 의미를 두어야 합니다.

아이에게 자신의 몸을 건강하게 가꿔 나가는 방법을 알려주는 게 더 중요합니다. 초경이 시작되면 한동안 월경주기가 불규칙합니다. 월경대를 준비하지 못한 상태에서 갑작스러운 월경으로 속옷이 오염될 수도 있습니다. 이런 상황을 대비하여 아이에게 늘 파우치에 월경대와 속옷을 함께 넣어서 가지고 다니게 하세요. 아이가 직접 파우치를 고르게 하는 것도 좋습니다. 학교에서 월경이 새면 보건실에 가서 보건 선생님에게 말하고 월경대를 받으면 된다고 알려주세요. 월경은 창피한 일이 아니라는 것도 알려주어야 합니다. 슈퍼나 마트에 갈 일이 있으면 자연스럽게 아이에게 월경대를 보여주고 직접 고르게 해보세요. 더불어 월경대 뒤처리 방법도 가르쳐주세요. 사용한 월경대는 휴지에 돌돌 싸서 쓰레기통에 버려야 한다고 알려주세요. 변기에 넣고 물을 내리는 것은 (변기를 막히게 할 수 있어서 그렇게 버리면) 안 된다는 것도 알려주어야 합니다.

아이가 불편하게 왜 월경대를 가지고 다녀야 하는지 물을 수도 있습니다. 그럴 땐 "월경은 매월 하는데 사람에 따라 28일 만에 하기도 하고, 30일 만에 하기도 해. 그리고 초경 이후 얼마간 주기가 들쑥날쑥할 수 있어. 월경을 몇 달씩 거르기도 하고, 월경이 갑자기 시작되기도 해. 포궁이 아직 완전히 성숙하지 못해서 준비가 덜 되어서 그러는 거야. 그러니 언제 어떻게 월경이 시작될지 몰라서 미리 준비해서 가지고 다니는 거야"라고 말해주세요. 아이가 자기 몸에서 일어나는 좋은 변화를 귀찮게 생각하지 않도록 설명해주세요. 초경을 성장의 상징이라고 알려주세요. 건강하게 잘 자라고 있다고 축하해주세요.

처음 하는 모든 것은 사람을 설레게도 걱정되게도 합니다. 초경을 하기 전에 나타나는 증상, 월경통, 월경이 새었을 때 대처법, 월경대가 없을 때 대처법 등을 미리 알려주세요. 월경이 새었을 때는 보건실에 가서 도움을 구하고, 체육복으로 갈아입고 옷은 집으로 가져갑니다. 주변 친구들이 여유분으로 갖고 있는 옷이 있다면 갈아입거나 엉덩이를 덮습니다. 평소 비닐봉지를 가지고 다녀 이런 경우에 옷을 담아올 수 있도록 합니다. 이와 같은 대처법을 아이에게 알려주세요.

초경을 하면 '진정한 여자가 되는 거야'라는 말은 아이에게 하지 않길 바랍니다. 월경을 하지 않아도 월경을 해도 여자입니다. 완경이 되어도 여전히 여자입니다. 월경을 여자라는 정체성의 기준으로 삼아서는 안 됩니다.

아직 초경이 시작되지 않은 아이는 언제쯤 초경을 시작할지 궁금해합니다. 친구들은 이미 시작했는데 본인만 늦는 것 같다며 걱정하기도 하죠. 건강상태·생활양식 등에 따라 초경을 시작하는 시기가 다를 수 있다는 것을 알려주세요. 아직 초경을 시작하지 않은 아이와 함께 초경을 받아들이는 마음은 어때야 하는지, 초경이 시작되었을 때 월경대가 없다면 누구에게 도움을 요청할 것인지, 위생관리는 어떻게 할 것인지 등 계획을 세워보는 것도 좋습니다. 아이가 기쁜 마음으로 초경을 맞이할 수 있도록 준비해주세요.

# 월경을 자연스러운 생리현상으로 이해해주세요

'생리현상' 하면 떠오르는 게 무엇인가요? 방귀, 트림, 재채기, 소변, 대변일 겁니다. 이처럼 생리현상은 자연스럽게 몸에 나타나는 것입니다. 생리라는 말도 생리현상에서 비롯된 말입니다. 저는 '생리'라는 단어 대신 '월경'을 사용하자고 권합니다. 흔히 월경을 '생리'라고 하지만 이는 정확한 용어가 아닙니다. '월경'이라고 해야 합니다. 몸에서 나타나는 생리현상 중 하나가 월경이기 때문입니다.

앞으로는 '월경'이라고 정확하게 부를 수 있어야 합니다. 그러기 위해서는 부모부터 '월경'이라고 정확하게 표현하는 데 익숙해져야 합니다. 월경은 부끄럽고 숨겨야 하는 것이 아니라, 여성 삶의 일부분입니다. 그러니 아이가 월경을 긍정할 수 있도록 이끌어주어야 합니다.

월경을 부정적으로 여기는 아이도 있습니다. 체육시간도 걱정이고, 좋아하는 물놀이도 마음 편히 가지 못한다며 월경을 귀찮게 인식하는 경우가 제법 있습니다. 부모가 나서서 성인으로 잘 성장하고 있는 신호라고 설명해주세요. 아이가 월경을 자연스러운 생리현상의 하나로 받아들일 수 있도록 일러주세요.

월경에 대해서 아이에게 '피가 나온다'고만 설명하는 부모도 있습니다. 그런데 보통 사람의 피는 빨간색입니다. "선생님! 제 월경혈은 갈색이에요, 병에 걸린 건가요? 왜 빨간색이 아니죠?"라고 걱정하는 아이도 있습니다. 단순히 피라고 하지 말고, 갈색 월경혈에 대해서 미리 알려주는 게 좋습니다.

월경혈이 배출되면 대기 중의 산소와 만나게 되는데, 월경혈 속에 있는 철분이 산화되며 갈색을 띠게 됩니다. 월경혈이 배출되고 시간이 지나면 지날수록 갈색이 점점 짙어집니다. 같은 이유로 월경혈은 산소를 만나면 부패할 수 있어서 습한 월경대를 장시간 착용하지 않도록 해야 합니다. 월경할 때 냄새로 고민하는 아이도 있는데, 월경혈 자체의 냄새는 아닙니다. 월경혈과 산소가 만나 산화되는 과정에서 나는 냄새입니다. 아이에게도 이 점을 잘 설명해주세요.

월경에 필요한 물건을 아이와 함께 준비하고 사용방법을 미리 알려주는 게 좋습니다. 요즘은 월경대 외에 탐폰이나 월경컵에 대한 수요가 늘고, 월경대를 대신하는 위생 팬티라는 제품도 있습니다. 자기 몸에 맞는 월경 용품을 찾기 위해 엄마와 딸이 대화를 나눠보는 것을 권장합니다.

월경 전과 후의 증상이나 대처방법도 잘 알려주세요. 아이가 여러 증상으로 심리적으로 매우 불안할 수도 있고, 배가 아프거나 소화가 안 되거나 설사를 자주 할 수도 있습니다. 이런 변화는 병적인 게 아니라는 것과 사람마다 나타나는 증상이 다르다는 것도 알려주세요.

월경통에 대해서도 설명해주고, 적절히 대처하도록 해주어야 합니다. 월경통이 심하면 아랫배 통증뿐 아니라 구토를 동반할 수도 있습니다. 월경통은 많은 여성에게 큰 고민인데, 의학적 통계조사에 따르면 여성의 약 83%가 월경통으로 일상생활에 영향을 받고 있다고 합니다.

'대한산부인과학회지'의 '한국 청소년의 월경전증후군 및 월경통에 관한 연구'(2017)에 따르면 조사 대상자의 78.3%가 월경통을 매월 경험하고 있습니다. 'American Family Physician'에 발표된 논문에서는 월경통이 청소년기 여학생이 학교를 결석하는 원인이라고 했으며 가임기 여성에게 매우 큰 문제가 월경통이라고 보고한 바 있습니다. 이처럼 정도의 차이가 있지만 많은 여성이 월경통으로 힘들어합니다.

월경통은 왜 발생할까요? 포궁은 테니스공 3개 정도의 무게입니다. 크기는 평소 달걀만 하다가, 임신하면 수박만큼 커집니다. 포궁의 대부분을 구성하는 근육은 아이를 낳을 때 아이를 밀어내는 역할을 합니다. 월경 기간에는 자궁내막을 내보내기도 합니다. 자궁내막을 내보낼 때 수축하면서 통증이 발생하는데, 이 통증이 월경통입니다. 통증 반응은 사람마다 다르며, 같은 사람이라도 매월 다를 수 있습니다. 어떤 날은 견딜 수 없을 만큼 고통스럽고, 다른 날에는 괜찮은 식입니다.

월경할 때 나타나는 증상들이 있습니다. 설사하는 경우는 장과 포궁이 가깝게 위치해 있어, 포궁이 움직이면서 장과 방광을 자극하기 때문입니다. 이때는 음식을 조절해주세요. 따듯한 음식을 먹고 카페인은 삼가며 물을 마시는 게 좋습니다. 월경통은 일반적으로 월경 시작 몇 시간 전부터 2~3일 지속되다가 사라집니다. 온찜질이나 마사지를 해주면 통증이 가라앉을 수 있습니다.

월경 전 증후군도 있습니다. 신체적 통증과 함께 정서적으로 힘든 게 대표적인 증상입니다. 신체적 통증으로는 월경이 시작되기 며칠 전부터 소화불량, 유방통, 두통, 허리통증이 나타나는 것입니다. 정서적으로는 불안감과 우울감이 오고 감정 기복이 심해지는데, 이는 호르몬 불균형 때문에 발생합니다.

요하네스 뷔머(Johannes Wimmer)는 의학 상식과 지식을 쉽게 알려주는 독일의 의사이자 유튜버, TV프로그램 진행자로, 그의 책《호르몬과 건강의 비밀》(2020, 현대지성)에서 여성은 월경주기에 따라 에스트로겐 수치가 크게 달라진다고 밝혔습니다.

이때 감정 역시 같이 변동하는데, 하늘을 찌르듯 기쁘다가 순식간에 죽을 것처럼 우울해질 수도 있습니다. 즉 이런 감정기복은 호르몬의 불균형 때문에 발생합니다. 이처럼 월경 시 정서적 변화는 호르몬의 분비가 많거나 적은 데 따라 발생하는 것이지 성격이나 성향과는 관계가 없으니 오해하지 마세요.

심한 월경통을 경험하면서도 약을 먹지 않는 사람도 있습니다. 진통제가 몸에 좋을 리 없다는 생각 때문에 극심한 통증이 계속되어도 참는 경우인데, 월경통이 있을 때 복용하는 진통제는 내성이 생기지 않는 약으로, 중독성과 의존성이 없으니 월경통이 심하다면 무조건 참기보다 진통제를 먹는 게 낫습니다.

의학 전문 칼럼 〈하이닥〉에 의하면 월경통이 있을 때 복용하는 진통제는 비마약성 진통제입니다. 내성이 생기지 않는 약에서 중독성과 의존성이 야기되지 않습니다. 오히려 통증을 참다가 스트레스를 받거나 생활에 불편을 겪는 게 월경에 영향을 주어 악순환이 반복될 수 있으니 통증이 심하면 진통제를 복용하도록 합시다.

사실 사람마다 월경통을 완화할 수 있는 방법은 다릅니다. 다양한 방법을 찾아서 시도해보고 자신에게 잘 맞는 방법을 선택해보세요. 온찜질로 아랫배를 따뜻하게 해주거나, 혈액순환에 도움이 되는 따뜻한 음식과 차를 마셔도 좋습니다. 하복부를 압박하면 월경통이 더 심해질 수 있으니 하의는 편하게 입습니다. 다리를 꼬면 복부에 압박이 가므로 바른 자세를 유지해주는 것도 좋습니다. 이런 방법을 쓰고 약을 먹어도 통증이 지속되는 경우는 여성의학과에 방문하여 정확한 진단을 받아보세요.

# 사춘기 파티에 너무 큰 의미를 두지 마세요

요즘 참 다양한 명목으로 파티를 여는 게 일반화되었습니다. 생일 파티, 승진 파티, 결혼기념일 파티, 합격 파티, 100일 파티 등 그 종류가 많습니다. 파티가 그만큼 일상 속으로 들어왔단 이야기입니다. 초경 파티와 몽정 파티도 그중 하나입니다.

요즘 딸이 초경을 하면 그날을 기념해 케이크와 선물을 준비하며 축하하며 파티하는 가정이 많아졌습니다. 아들 역시 '존중 파티'라 부르며 딸의 초경 파티와 다르지 않게 파티를 합니다. 사춘기 파티가 필요하고 좋은 것으로 인식되고 있습니다.

물론 아이의 사춘기와 변화를 축하하는 것은 좋은 일이지만, 사춘기 파티를 하는 이유가 무엇인지부터 생각해보았으면 합니다. '남들이 하니까 우리 아이만 안 해주기에는 마음에 걸려서' '파티하는 게 좋다고 해서' 등은 사춘기 파티의 이유로 적절하다고 보기 어렵습니다.

사춘기 파티는 아이가 자기 몸과 마음의 변화를 긍정적으로 받아들일 수 있도록 도와주는 것입니다. 아이를 독립적 주체로 인정하는 것이자 아이에 대한 존중의 마음을 표현하는 것이기도 합니다.

파티의 주인공은 아이입니다. 아이가 자신의 심신 변화를 긍정적으로 받아들이도록 해야 합니다. 그러기 위해서는 파티의 진행 여부를 고민하기 전에 아이가 파티를 정말 원하는지를 알아야 합니다. 그리고 성을 주제로 일상에서 아이와 충분한 대화를 나누는지도 점검해보세요.

아이가 파티를 원할 수도 있습니다. 아이에게 직접 "월경(몽정) 파티하는 건 어때?"라고 의사를 물어보세요. 아이의 의사를 알아보고 거기에 맞게 준비하면 됩니다. 무리해서 파티할 필요는 없습니다. 파티가 아닌 다른 방식으로도 축하해주면 됩니다. 편지를 써줄 수도 있고, 작은 선물을 줄 수도 있습니다. 아이에 따라서는 대화만으로 충분할 수 있습니다. 아이의 사춘기를 존중하는 마음을 표현하는 방법 중 아이에게 맞게 선택해보세요.

부모가 놓치지 말아야 하는 것은 아이가 어른으로 가는 첫발을 내디뎠다는 사실입니다. 그만큼 아이에게 몸을 어떻게 인식하고 관리해야 하는지의 중요성을 알려주어야 합니다. 첫 월경 때 초경 파티를 했지만, 그 이후에는 월경에 대해 서로 이야기하지 않는 경우가 많습니다. 이벤트처럼 초경을 기념하는 파티는 할 수 있어도 월경을 일상생활에서 드러내놓고 이야기하기가 어려운 것입니다. 정작 중요한 것이 무엇인지 생각해보았으면 합니다.

# 발기를 자연스러운 신체반응으로 이해해주세요

몸은 외부 자극에 다양하게 반응합니다. 날씨에 따라 폭염에는 땀이 주르륵 흐르고, 한파에 몸이 벌벌 떨리는 것도 이런 반응 중 하나입니다. 그리고 남성의 발기도 이처럼 외부 자극에 대한 반응입니다. 발기에 대해 잘못 알고 있으면 이상하게 생각하거나 징그럽다고 여기기도 합니다. 그러나 발기는 생물학적 현상일 뿐입니다.

발기는 성적 의도가 있을 때만 일어날까요? 태아의 발기에 성적 의도가 있다고 볼 수 있을까요? 아침에 눈 떴을 때 발기된 것은 어떻게 설명해야 할까요?

성적으로 흥분했을 때만 발기되는 게 아닙니다. 수면 중에도 발기가 일어납니다. 사람의 의지와 상관없이 일어나기도 합니다. 발기는 성기가 자극에 반응하여 커지거나 딱딱해지는 것입니다. 음경 내부에 급속도로 혈액이 몰리면서 곧게 커지는 겁니다. 고무장갑에 물을 부으면 납작하던 고무장갑 손가락 부분이 부풀어 오르고 단단해집니다. 발기도 이와 같은 원리로 발생합니다.

발기는 나이와 관계없이 발생합니다. 배 속의 태아가 발기하기도 합니다. 발기는 자연스러운 생물학적 현상입니다. 그리고 일반적으로 발기를 남성의 신체반응으로만 여기는데 여성도 발기를 합니다. 육안으로 남성의 발기처럼 쉽게 드러나지 않을 뿐입니다. 여성이 하는 월경통처럼 발기도 사람마다 다르게 나타납니다.

작은아이가 5세 무렵 아침에 일어나 음경을 보여주며 이렇게 말했습니다. "엄마, 고추가 키가 커졌어요"라고요. 커진 음경이 제법 신기했나 봅니다. 그러니 제게 달려와 보여주기까지 했겠죠. 음경이 아주 건강하게 잘 자라는 것이라고 말해줬습니다. 다시 묻습니다. "형아도 고추가 커져요? 아빠는요? 엄마는요?" 남성도, 여성도 모두 나이와 관계없이 커질 수 있다고 말해줬습니다.

아이는 달라진 자기 신체를 보고 신기했을 겁니다. 그래서 엄마에게 달려가 솔직하게 이야기한 것입니다. 이를 혼내거나 꾸짖는다면 아이는 앞으로 몸에 대한 변화를 자연스럽게 받아들이거나 이야기하길 머뭇거리게 될 겁니다. 이럴 땐 소리를 지르거나 혼내지 않아야 합니다.

자연스러운 신체반응은 혼낼 일이 아니고, 신체가 징그러운 것은 더욱더 아니기 때문입니다. 왜 음경이 발기되었는지 설명해주면 됩니다. 괜찮은 거라고 잘 크고 있다는 증거라고 이야기해주세요. 발기된 음경을 다른 사람에게 보여주는 건 적절하지 못한 행동이라는 것도 알려주세요.

남자 청소년은 급작스러운 발기 때문에 고민이 많습니다. 집이 아닌 학교나 공공장소에서 발기되기도 하니 당황스럽고, 친구들에게 놀림의 대상이 되어 곤욕을 치르기도 합니다. 어떻게든 발기된 음경을 진정시키기 위해 다양한 방법을 시도합니다. 애국가를 부르거나 전쟁의 참상이나 엄마에게 혼나는 장면을 생각하거나 두 자릿수를 암산해보는 등 다양하게 노력합니다. 나름 어떻게든 발기된 음경을 빨리 진정시키려는 것입니다.

무엇이 정답이니 그대로 따라 하라고 권하긴 어렵습니다. 본인이 처한 상황에 맞게 자연스럽게 대처하면 됩니다. 발기된 부분을 가방이나 책으로 가린다든지, 앉을 수 있는 상황이면 자리에 다리를 꼬고 앉습니다. 긴 상의를 입었다면 발기된 부분이 가려지게 입거나 허리에 옷을 둘러 가릴 수 있습니다. 자리 이동이 가능하다면 화장실이나 구석진 곳으로 이동하여 발기가 풀릴 때까지 기다려보세요. 다만 급한 마음에 성기를 압박하면 다칠 수 있다는 걸 주의해야 합니다.

가끔 음경이 곧지 않고 휜 이유를 질문하는 아이도 있는데, 완벽하게 수직으로 곧은 음경은 없습니다. 발기 전이나 발기 후에도 음경은 한쪽으로 기울어져 있답니다. 휜 음경을 보며 고민하고 있을지도 모르는 아이에게 이를 잘 설명해주세요

# 포경수술은 아이가 선택할 수 있도록 해주세요

예전에는 지금보다 포경수술을 시키는 부모가 더 많았습니다. 포경수술은 아이가 고통을 덜 느낄 때 해야 한다면서 태어나자마자 시켜야 한다는 의견도 많았습니다. 아들을 둔 부모라면 포경수술을 시켜야 할지, 언제 해야 할지 고민이 될 겁니다. 남자라면 마치 통과의례처럼 당연히 포경수술을 해야 한다고 생각하는 이들이 꽤 있기 때문입니다.

예전에는 위생상의 문제로 포경수술이 필요하다는 의견이 많았습니다. 그러나 지금은 과거와는 달리 자연 그대로가 건강하다며 있는 그대로 받아들이는 생태학적 관점으로 접근합니다. 물론 성기 상태에 따라 수술이 필요한 경우도 있습니다. 성인이 되어서도 포피와 성기가 분리되지 않을 때, 포피가 성기를 조여서 혈액순환이 제대로 되지 않을 때는 의료 목적의 포경수술이 필요합니다. 그런 경우가 아니라면 굳이 수술할 필요가 없다는 게 현재 전문가 다수의 의견입니다.

서울대 물리학과 김대식 교수는 한국 사회의 포경수술과 관련한 인권 침해실태를 세계 의료계에 알려 충격을 준 인물입니다. 김 교수는《포경은 없다》(2014, 올리브M&B)에서 포경수술은 여성 할례와 마찬가지로 사회적인 산물에 불과하다고 했습니다. 남성이나 여성이나 성기에 대해서는 의료 목적으로만 시술해야 한다고 강조했습니다. 성 의학 전문가 강동우 박사 역시 포경수술은 필수가 아니라 선택이라고 합니다. 성기의 발육으로 자연스럽게 포경되는 경우가 상당하며, 포경수술을 하면 성장 후 표피가 부족한 상황이 되어 발육에 약점이 된다며 포경수술은 하지 않는 것이 좋다고 합니다.

포경수술 날짜를 잡아놓고 무섭다며 두려움을 토로하는 아이를 심심치 않게 볼 수 있습니다. 남자아이에게 포경수술은 무서울 수 있습니다. 대부분의 아이는 자연 포경이 됩니다. 일반적으로 20세 이후에 귀두를 감싼 피부를 당기면 귀두가 드러나고 아무런 통증도 없습니다. 아이가 자연 포경인지 아닌지는 2차 성징이 끝나야 알 수 있습니다. 그러니 부모님은 기다릴 필요가 있습니다.

아이가 "엄마! 왜 나는 포경수술 안 했어? 다른 친구들은 다 했는데 나만 안 해서 창피해. 포경수술 시켜줘"라며 내 몸에서 일어나는 변화를 친구가 했다는 이유로 따라 하려고 한다면, 굳이 그럴 필요는 없습니다. 나의 몸에 대한 것은 자유롭고 주체적으로 선택할 수 있어야 합니다. 친구들을 따라 할 필요 없습니다.

아이의 질문에 왜 포경수술을 하지 않았는지 설명이 필요합니다. "아직 포경수술을 하지 않은 이유를 설명해줄게. ○○이 몸은 지금 성장하고 있어. 성기도 성장 중이고. 대부분의 남자는 자연적으로 포경이 돼. 자연적으로 포경이 안 되어 수술이 필요한 경우도 있어. 수술이 필요한지 아닌지는 스무 살 정도 되어야 알 수 있어. 그래서 엄마는 기다렸던 거야. ○○이가 좀 더 자라서 선택할 수 있도록 해주고 싶었어. 그래서 포경수술을 하지 않았어. 포경수술을 꼭 받고 싶다면 지금 그렇게 해줄 수 있어. 그렇지만 친구들이 했다고 따라서 하는 건 적절한 태도는 아닌 것 같아"라고 설명해주세요.

이런 내용을 아이에게 충분히 설명해주어야 합니다. 아이가 미처 생각하지 못한 다양한 상황이 있음을 알아야 합니다. 이에 더해서 충분한 정보를 제공해주고 아이가 선택할 수 있도록 해주세요.

아이의 몸은 아이의 것입니다. 자기 몸에 대한 선택과 결정은 자신이 해야 합니다. 아이의 몸과 마음에서 일어나는 모든 일은 아이의 선택으로 이루어져야 합니다. 아이의 선택 안에서 자연스러운 변화가 이루어지게 아이의 의견을 잘 들어주세요.

아이에게 청결하게 성기를 관리하는 방법도 설명해주세요. 포경수술을 하지 않은 음경은 음경의 포피 안쪽 점막에서 분비되는 윤활액 때문에 이물질이 쌓이기 쉽습니다. 이물질을 제대로 씻지 않으면 심한 냄새가 나니 포피 안쪽까지 깨끗하게 씻어야 합니다. 이런 내용을 아이에게 설명해주고 잘 씻을 수 있도록 지도해주세요.

# 브래지어는 아이가 선택할 수 있도록 해주세요

여자아이는 사춘기를 지나면서 유선이 발달하여 유방이 나오기 시작합니다. 이 시기에 브래지어를 착용하게 됩니다. 9세에 브래지어를 착용하는 아이가 있는가 하면, 중학생이 되어도 브래지어를 착용하지 않는 아이가 있습니다. 여성의 발달 시기와 브래지어 착용에 대한 생각이 다르기 때문입니다.

아이의 가슴이 작게 솟아오르면 브래지어를 준비합니다. 유두 아래 살짝 솟아오른 곳이 멍울인데, 멍울이 나타나면 브래지어 착용이 가능한 시기입니다.

유방이 커지기 시작하면서 대부분 통증을 호소하는데, 멍울이 생기며 가슴에 통증이 나타나는 것은 가슴 발달 단계에서 일어나는 자연스러운 현상입니다. 너무 걱정하지 않아도 된다고 아이에게 설명해주세요. 유방의 압박이나 흔들림으로 통증이 생기기도 합니다. 적당한 사이즈의 브래지어를 착용하지 않고 활동해도, 과격한 스포츠를 즐기는 경우에도 유방통이 발생합니다.

가슴을 너무 꽉 조이는 브래지어를 착용하면 유선조직 발달을 저해할 수 있습니다. 와이어 브래지어도 가슴을 조일 수 있습니다. 와이어 브래지어 제품을 착용하는 이유는 미용과 치료로 나뉘는데요, 신체의 편안함보다 외형변형이 목적입니다. 와이어 브래지어를 착용하면 과도하게 유방이 들어올려지거나, 지나치게 가슴이 모여 유방발달에 악영향을 끼칠 수 있습니다. 와이어가 브래지어 옷감 밖으로 삐져나와 가슴을 찔러 상처를 줄 수도 있고, 압박 때문에 통증이 생길 수도 있습니다. 치료 목적인 경우를 제외하고는 와이어 브래지어는 추천하지 않습니다.

브래지어 착용에 대해서도 생각해봐야 합니다. 여자라면 브래지어를 반드시 착용해야 한다고 생각하는 게 일반적이지만, 실은 브래지어를 입을지 말지를 선택할 수 있습니다. 브래지어는 개인 선택의 몫입니다.

온종일 브래지어를 갑갑하게 착용하고 있는 것도 힘든데, 여름이면 덥고 습한 날씨 때문에 그 갑갑함이 배가 됩니다. 그래서 요즘은 브래지어 대신에 유두 패치를 사용하거나, 스포츠 브래지어를 착용하기도 합니다. 겉옷에 따라 속옷을 달리 선택하거나, 때에 따라서는 아예 착용하지 않을 수도 있습니다.

브래지어를 입지 않은 것을 '노(No)브라'라고 하는데 요즘은 브래지어를 착용한 경우 '유(有)브라'라고 표현합니다. 브래지어를 하는 것이 '기본'이 아니란 의미입니다. 그러니 브래지어를 하지 않았다는 뜻의 '노브라'보다 브래지어를 했다고 표현하는 게 적절합니다. 브래지어는 무조건 입어야 하는 게 아닙니다.

아이에게도 브래지어를 할 수도 안 할 수도 있는 걸 설명해주고, 브래지어를 착용하기로 했다면 몸에 부담이 제일 적은 제품으로 권해주세요. 아이와 함께 다양한 브래지어를 살펴보며 아이에게 맞는 거로 고르는 시간을 갖는 것도 좋습니다. 브래지어는 그것을 입는 사람의 편안함이 우선이어야 하니 아이가 선택하도록 도와주세요.

# 아이에게 이성의 생리현상에 대해 가르쳐주세요

여성과 남성은 관계를 맺으며 살고 있습니다. 인간적 관계를 넘어 성적 관계를 맺으며 함께 살아갑니다. 그러므로 서로를 잘 알아야 합니다. 원만하고 편안한 관계를 위해서 여자도 남자의 몸을 알아야 하고, 남자도 여자의 몸을 알아야 합니다. 우리가 서로 다른 몸을 배워야 하는 이유는 존중과 관련됩니다. 누군가를 이해하고 존중하려면 상대를 먼저 알아야 합니다.

사람의 신체에 일어나는 다양한 생리현상 중 성별 간 이해의 폭이 좁아 오해가 발생할 수 있습니다. 그 대표적인 사례가 남성의 발기와 여성의 월경입니다. 남성은 여성의 월경을 경험하지 않고, 여성은 남성과 같은 발기를 경험하지 않습니다. 그렇다 보니 이성의 생리현상을 왜곡된 시선으로 바라볼 수 있습니다. 이성의 생리현상에 대한 지식이 필요한 이유입니다.

아이에게 이성의 생리현상에 대해 알려주세요. 이는 단순히 이성에 관해 알려주는 것만을 의미하지 않습니다. 곧 다른 사람과 그 사람의 상황을 이해하는 데로 나아가는 것입니다. 다른 사람의 상황을 이해하도록 교육받은 아이는 상대방을 함부로 대하지 않을 가능성이 큽니다.

딸에게 남자의 발기에 대해 설명해주어야 합니다. 혹시라도 갑작스레 발기된 친구의 상황을 목격하게 된다면 모른 척하라고 해주세요. 시선을 돌려서 친구를 배려하라고 일러주세요. 늑대니 짐승이니 하며 놀리는 일은 없어야 합니다. 남성의 발기를 '야한 생각'의 결과로 오해하는 경우가 있습니다. 그럴 수도 있지만, 아닐 수도 있습니다.

딸에게 남자의 발기에 대해 설명해주어야 남자의 몸에 대해 오해하지 않습니다. 딸에게 남자의 몸을 알려주는 게 걱정된다고요? 걱정할 필요 없습니다. 알아서 위험한 것이 아니라 몰라서 문제가 생기는 게 더 위험하기 때문입니다. 흔히 발기하면 '야한 생각'을 했다고 오해하는 경우가 많습니다. 아이나 어른 모두 마찬가지죠. 그런 경우도 있겠지만 딸에게 여자에게는 월경이 생리현상인 것처럼, 남자에게 발기도 지극히 자연스러운 생리현상임을 알려줘야 합니다.

남자아이 중에는 앉아있는데 갑자기 발기되거나, 엎드려 자다가 매점 가려고 일어났는데 발기가 되어서 못 가거나, 남자끼리만 있는 상황에서 발기되어 놀라는 경우도 있습니다. 선생님께 혼나는 상황에서 발기가 되어 너무 당황스러웠다는 아이도 있습니다. 발기된 이유를 자기 자신도 모르는 경우가 많습니다. 이런 일은 성장과정에서 많은 남성이 경험하는 일이지만 남자아이도 자신의 몸에서 일어나는 일을 제대로 모르는 경우가 많습니다.

월경 역시 보편적인 생리현상입니다. 남자아이가 월경에 대해 오해하지 않게 알려주세요. 잘 알지 못하면 '그깟 피 좀 흘린다고' '통증이 얼마나 된다고' '좀 참았다가 하지' 등과 같은 비상식적인 말을 할 수도 있습니다. 누군가를 놀릴 수도 있습니다. 무지에서 비롯된 생각과 언행으로 타인에게 상처 주지 않도록 지도해주세요.

월경을 제대로 이해할 수 있도록 정확하게 설명해주세요. 트림이나 재채기처럼 자연스러운 신체현상이고, 참거나 조절할 수 있는 게 아니라고 설명해줘야 합니다. 월경을 시작하는 날도 불규칙하다는 점을 알려주세요. 간혹 월경혈로 친구의 하의가 물든 걸 볼 수도 있는데, 불규칙하다는 것을 모르면 준비성 없는 무책임한 사람으로 여길 수 있습니다.

발기와 월경은 모두 내 가족, 친구, 연인, 동료가 경험할 수 있는 일입니다. 함께 관계를 맺으며 살아가는 이들을 배려할 수 있어야 합니다. 발기와 월경을 경험하지 못해서 그 자체는 공감하지 못하더라도 함께 살아가는 이성에게 어떤 어려움이 있는지 알아두어야 합니다.

서로가 힘들 때 배려해줄 수 있고, 몰라서 오해하던 것을 바로잡을 수 있기 때문입니다. 부모는 아들에게 월경에 대해서 딸에게는 발기에 대해서 다양한 정보를 제공해주고, 서로 다른 성의 생리현상에 긍정적인 인식을 지니도록 도와줘야 합니다.

강사를 통해 배우는 이론과 현실은 다릅니다. 남자아이는 월경을 겪어본 적 없죠. 여성은 '월경을 한다'고 알고는 있으나, 누나나 엄마가 여성이라고 연결지어 생각하지는 못합니다. 남자아이들은 월경에 대해 이야기할 때면 제법 진지하게 집중합니다. 처음으로 월경을 알게 되었다는 아이, 여자들이 힘들겠다고 말하는 아이, 몰라서 오해했던 것을 바르게 알게 되어 좋았다고 말하는 아이를 대할 때면 교육의 효과를 체감합니다.

부모를 통해 월경을 배운 아이는 월경통이 심한 여자형제나 친구에게 도움을 줄 수 있습니다. 부모에게서 발기에 대해 접한 아이는 남자형제나 친구를 배려할 수 있습니다. 부모가 아이에게 해줄 수 있는 이야기는 많습니다. 월경과 발기에 관한 직간접적인 경험을 아이에게 공유해주세요. 부모를 통해 정확한 사실을 알게 된 아이는 이성의 생리현상을 건강하게 여기고, 함부로 재단하지 않을 겁니다.

# 초등학교 때부터 피임 교육을 지도해주세요

제게 오픈 채팅으로 상담하는 아이 중 50%는 '임신'에 대해 질문합니다. 얼떨결에 성관계를 맺고 임신이 될까 두려워하거나, 피임을 생각하지 못했다거나 알고는 있었는데 실천하지 못했다고 합니다. 임신에 대한 두려움은 남녀 구분이 없습니다. 피임 교육의 필요성을 느끼는 사례가 많습니다.

피임 교육의 시기는 정해진 바는 없지만, 몽정이나 초경을 교육할 때 함께하길 권합니다. 성에 대해 하나하나 구분하지 않고 전체적으로 연결하여 이해할 수 있기 때문입니다. 더불어 피임 교육은 성관계를 경험하기 전에 알려주는 게 좋습니다.

많은 부모가 아이에게 피임을 교육하는 걸 아이를 성적으로 자극하는 것으로 생각하여 우려합니다. 아이에게 성교육하는 것을 아이가 성관계를 해도 된다는 의미로 받아들일 것이라고 우려합니다. 그러나 이는 금연교육 때문에 아이가 담배를 피울 거라 생각하는 것과 같습니다.

피임 교육은 성관계를 조장하는 게 아닙니다. 우리나라에서 가장 높은 산은 한라산이라는 것을 배우는 것처럼 하나의 지식을 넓히는 것이자 만약을 대비하여 준비하는 것입니다. 안전수칙을 지키지 않고 물건을 사용한다면 다양한 사고가 발생할 수 있습니다. 때론 사고가 크게 날 수도 있습니다.

피임 교육도 같습니다. 성관계에 관한 안전수칙을 철저히 알려주어야 계획되지 않은 임신 등의 사고로 연결되지 않습니다. 피임 교육은 아이에게 책임감을 기르는 교육입니다. 아이가 책임감을 지니고 안전하게 준비할 수 있도록 돕는 교육입니다.

성관계를 하지 말라고 하는 대신 준비 없는 성관계로 발생할 수 있는 결과와 책임에 대해 이야기해주어야겠습니다. 자신의 몸을 지키는 방법과 어떻게 임신을 예방하는지를 알려주세요. 아이가 주체적인 존재로 성장할 수 있도록 부모가 올바른 방향을 제시해주는 게 중요합니다. 아이가 성관계에 책임질 수 있을 때까지 피임 교육을 미루는 것도 좋겠지만, 아이는 부모의 바람과 다르게 행동할 수 있습니다.

아이가 성관계의 결과, 문제를 마주하게 되더라도 성관계를 경험하기 이전으로 다시 돌아갈 수는 없습니다. 그러니 성관계를 하게 된다면 확실한 피임법을 사용해야 한다고 알려주어야 합니다. 아이의 성장단계와는 관계없이 아이가 부모에게 피임에 관해 질문한다면 숨기지 말고 언제든 알려주세요.

'지금은 몰라도 돼' '좀 더 크면 알려줄게'라는 말로 미루거나 회피하는 것은 적절하지 않습니다. 아이가 인터넷이나 친구를 통해 잘못된 성 정보를 접할 수 있습니다. 아이가 잘못된 정보를 통해 성과 성관계, 피임을 접하고 호기심을 잘못된 방식으로 푼다면 이는 아이가 위험에 더욱 노출되는 것임을 알아야 합니다.

성관계를 하면 임신을 배제할 수 없습니다. 초등학생이든 중학생이든 예외란 없습니다. 미리 알려줘야 합니다. 아이에게 콘돔에 대해 설명해주세요. 콘돔을 '피임기구'로만 설명하지 마시고 엄마와 아빠의 사랑 이야기를 먼저 들려주세요. 두 사람이 서로를 얼마나 사랑했는지, 어떻게 만났는지, 진심 어린 사랑의 표현으로 성관계를 하는 과정에서 콘돔이 필요했다는 것을 설명해주세요. 경구피임약에 대해서도 알려주세요.

부모가 경험한 것을 아이에게 공유하는 것도 좋습니다. 아이가 궁금해하면 각각의 피임방법을 더 자세히 얘기해주세요. 콘돔은 일회용 의료기기고 편의점이나 약국에서 청소년도 구매할 수 있다는 것도 알려주세요.

10대가 임신한다면 그 부모에게도 책임이 있습니다. 부모가 아이에게 피임에 대해 제대로 알려주지 않았기 때문입니다. 10대 임신은 아이의 건강과 사회적인 면 모두 문제가 됩니다. 세계보건기구(WHO)에 따르면 10대의 임신은 산모에게 임신중독, 분만 후 출혈, 포궁 내 태아 사망,

조산 등 여러 심각한 합병증을 유발할 가능성이 크다고 하여 무엇보다 건강 측면에서 문제임을 알 수 있습니다.

또한 10대의 임신은 산모가 학업을 제대로 소화해내기에 정신적·육체적으로 어렵습니다. 어른이 되는 과정을 포함한 다양한 지식과 정보를 습득해야 하는 청소년기에 이러한 학업 중단은 이후 사회적 고립으로 이어질 수 있습니다.

결국 산모와 아이의 신체적인 건강과 사회적 고립으로 인한 불안정한 심리상태 때문에 추후 정신적인 건강까지 위협받게 됩니다. 산모가 안정적인 직장에서 일하며 경제활동과 책임을 다할 수 있는 나이가 아니기 때문에 최소한의 경제적 지원 면에서도 문제가 있습니다.

이 같은 10대의 임신을 막기 위해서 가정에서부터 변화가 필요합니다. 부모와 아이가 어색하고 불편하더라도 성적인 이야기를 나눌 수 있어야 합니다. 그래야 피임법도 설명할 수 있습니다. 성에 대해 어떤 방향으로 가야 하는지, 좀 더 안전한 길로 아이를 안내해주세요.

질병관리본부가 발표한 〈2018년 청소년 성관계 경험〉 자료에 따르면 우리나라 청소년 6만 명 중 5.7%가 성관계 경험이 있고, 성관계를 시작한 나이는 평균 만 13.6세였습니다. 성관계를 경험한 청소년 중 절반은 피임을 전혀 하지 않았다고 답했습니다. 아이가 얼떨결에 성관계하게 되기를 바라는 부모는 없을 겁니다. 그러니 미리 준비해야 합니다.

아이들이 생각보다 이른 나이에 피임도 하지 않고 성관계를 시작했다는 데 놀란 부모가 적잖을 겁니다. 실정이 이렇다 보니 부랴부랴 성교육에 관심을 두고 "우리 아이, 몇 살 때부터 성관계를 설명해줘야 하나요?"라고 묻기도 합니다. 성관계를 교육하는 시기는 운전 가능 연령처럼 몇 살 때부터라고 딱 꼬집어 정하긴 어렵습니다.

'아하! 시립청소년성문화센터'의 '유럽 성교육 기관 탐방기' 자료(2017년)에 의하면 네덜란드는 유럽에서 첫 성관계 연령이 가장 높은 나라입니다. 이는 어린 나이의 성관계 위험이 가장 낮다는 의미입니다. 2012년에 17.1세에서 2017년에는 18.6세로 더 높아졌습니다. 피임 교육을 적극적으로 실시한 결과, 청소년들의 첫 성관계 시 피임률이 90%로 매우 높습니다. 그만큼 안전하다는 뜻입니다. 덕분에 10대 출산율과 낙태율이 전 세계에서 가장 낮은 편입니다. 체계적이고 개방적인 성교육의 영향력이 이런 긍정적인 결과로 이어진 것입니다.

성교육은 성에 관한 모든 것을 수용하라고 가르치지 않습니다. 개인마다 느끼는 성이 다를 수 있기 때문입니다. 성교육은 자기 결정 능력을 높이는 주체성 교육입니다. 성교육은 섹스를 조장하는 교육이 아닙니다. 성에 관한 많은 고민과 철저한 준비를 돕는 것입니다. 성적 관심이 높아지는 청소년이 무방비 상태에서 성 경험을 하지 않도록 하는 교육입니다.

더 이상은 아이가 그저 성관계하지 않고 자라주기만을 기대할 수 없습니다. 그러기에는 아이를 자극하는 요소가 너무 많습니다. 그래서 부모님이 미리 제대로 알려주어야 합니다. '청소년의 성관계 경험에 영향을 미치는 생태체계 요인에 관한 연구'(경기대학교 석사학위논문, 2017)에 따르면 청소년이 성관계를 할지 말지 결정하는 데 부모가 큰 영향을 준다고 합니다. 부모의 태도와 노력 여부에 따라 아이의 성 경험이 달라질 수 있다는 것입니다.

이제 무조건 성관계를 하지 말라고 가르치는 성교육은 의미가 없습니다. 내 아이가 성관계를 할 수도 있다는 전제 아래 책임 있는 성교육을 하는 게 중요합니다. 이제부터 아이와 함께 계획 섹스를 준비하세요. 중요한 것일수록 미리 준비하는 게 좋습니다.

아이의 성적 권리를 지켜주세요. 아이가 성에 책임감을 지니도록 도와주세요. 아이가 성에 있어 주체적으로 살아갈 수 있도록 부모가 먼저 모범을 보여주세요. 성교육도 부모가 아이에게 줄 수 있는 사랑임을 알고 실천해주세요.

# 여성의학과·비뇨기과, 나이와 관계없이 방문할 수 있어요

"질염이 호전되지 않아요" "월경통이 너무 심해요. 일상생활에 지장이 갈 정도에요"라고 상담하는 분이 있습니다. 질염은 잠복수사가 전문인 경찰관마냥 잠복했다가 나타나길 반복합니다. 원인균을 찾는 게 무엇보다 중요합니다. 그렇지 않으면 계속 재발할 수 있기 때문에 병원치료가 필요합니다.

질염과 월경통은 대표적인 여성 질환과 증상입니다. 많은 여성에게 월경통은 일상적 경험이고, 심하면 생활에 제약도 받습니다. 그런데 월경통이 일반적인 월경 증상일 수도 있지만, 포궁 안에서 발생한 질병이 통증을 유발하는 것일 수도 있습니다. 통증 완화 방법을 다 시도해봤는데도 통증이 계속된다면 병원에 가야 합니다. 아이에게 이러한 사실을 설명해주고 부담 없이 갈 수 있도록 도와주세요.

저는 상담하는 분에게 개인이 해볼 수 있는 방법을 하고도 생활에 문제가 있을 정도면 병원에 가보길 권합니다. 그런데 병원 진료를 권하는 제 말에 "학생이 그런 데 가는 건 좀 그래요" "학생이 그런 데 가도 되나요?"라는 질문이 돌아오는 게 일반적입니다. '그런 데'는 어디일까요? 코감기 증상이 있으면 이비인후과에 가고, 다리를 다쳤으면 정형외과에 갑니다. 병원에 가는 데 망설임은 없습니다. 성과 관련된 질병이나 증상이 있다면 해당 병원에 가는 게 맞습니다. 왜 그렇게 망설일까요? 성과 관련된 통념 때문인 경우가 많습니다.

산부인과는 임신한 여성만 가는 곳이라는 통념 때문에, 산부인과를 방문하면 임신중절수술을 한다고 괜한 오해를 받을까 봐 다른 사람의 눈치를 살피게 됩니다. 결혼하지 않은 여성이나 청소년이 산부인과를 찾는 데 부담을 느끼는 게 사실입니다.

사회적 인식의 변화로 다양한 연령의 여성이 산부인과를 찾고 있지만, 여전히 망설이게 되는 상황입니다. 결혼하지 않은 성인 여성이 산부인과를 찾는 것도 부담스러운데, 10대 청소년이 산부인과에 가는 게 마음 편할 리 없습니다. 병원에 가야 하는 데도 올바르지 않은 사회적 인식 때문에 망설여집니다.

이와 관련하여 '산부인과'라는 용어에 대해서도 생각해봐야 합니다. 산부인과는 '산과'와 '부인과'가 합쳐진 용어입니다. 산과는 출산을 담당하고, 부인과는 여성 질환을 담당한다는 의미입니다.

산부인과로 명명되다 보니 임신이나 출산 시에만 방문하는 곳이란 느낌을 줍니다. 그런 인식을 형성할 수 있습니다. 그러니 '산부인과'라는 용어에 아이는 높은 진입장벽을 느낄 수 있습니다. 이러한 인식에 변화를 주기 위해 최근에는 산부인과 대신 '여성의학과'라는 용어를 사용하는 경우가 늘어나고 있습니다.

아이에게도 이러한 사회적 인식의 변화를 설명해주세요. 그리고 여성의학과(산부인과)는 여성이라면 누구나 나이와 상관없이 갈 수 있는 곳임을 알려주세요. 여성의학과 전문의들은 건강을 위해 주기적으로 병원에 방문하라고 합니다.

특히 월경을 시작하는 사춘기 때부터는 주기적으로 방문하는 편이 좋습니다. 아이가 여성의학과를 부정적으로 생각하지 않도록, 여성이라면 누구나 갈 수 있는 곳이라고 꼭 설명해주세요. 건강을 위해 가는 곳이므로 다른 사람의 눈치를 보지 말라고, 그럴 필요 없다고 당부해주세요. 진찰에 대한 아이의 거부감이 크다면 담당 의사가 여성인 병원으로 선택하면 됩니다.

비뇨기과에 대한 일반적인 인식에도 오류가 있습니다. 많은 사람이 비뇨기과를 남성의 성과 관련된 것만을 담당하는 병원으로, 남자만 방문하는 곳으로 알고 있습니다. 하지만 비뇨기과는 남성이나 여성, 성별과 관계없이 방문할 수 있는 곳입니다.

또 나이에 상관없이 방문할 수 있습니다. 말 그대로 '비뇨계' 질환을 치료하는 곳이기 때문입니다. 소변에 피가 섞여 나온다거나 소변에 거품이 많거나 소변볼 때 통증이 있거나 소변을 너무 자주 보거나 요로결석일 때, 비뇨기과 진료를 받을 수 있습니다.

요실금도 비뇨기과에서 많이 보는 진료과목 중 하나입니다. 요실금은 남성보다 여성에게 발생 빈도가 높은 편이고, 모든 연령층에서 발생하며, 연령이 증가할수록 그 빈도가 증가합니다. 이처럼 비뇨기과에서 담당하는 진료는 다양합니다. 성별이나 나이와는 관계없이 누구나 비뇨기에 해당하는 증상과 질환이 있다면 방문할 수 있는 곳입니다. 남자 환자에게는 남자 간호사가 응대하고 여자 환자는 여자 간호사가 응대하는 곳도 많으니 편안하게 방문하길 권합니다.

# 성조숙증이 의심되면 소아청소년과를 방문하세요

요즘 식생활의 변화로 아이의 영양과다도 나타나고, 성장발달의 시기도 과거보다 빨라지기도 했습니다. 그러면서 성조숙증도 발생하고 있습니다. 성조숙증은 2차 성징이 또래보다 빨리 찾아오는 것입니다.

여아는 만 9세 이전, 남아는 만 10세 이전에 신체적인 사춘기가 시작되면 성조숙증으로 진단합니다. 여아는 일반적으로 초등학교 3학년 이전에 가슴이 발달하여 몽우리가 잡히면, 남아는 초등학교 4학년 이전에 고환이 발달하여 크기가 커지면 성조숙증을 의심할 수 있습니다.

성조숙증이 왜 발생하는 걸까요? 우선 가족력이 있습니다. 부모의 사춘기가 빨리 왔다면 아이의 성장도 부모를 닮을 가능성이 높습니다. 서울성모병원 소아청소년과 안문배 교수는 "성조숙증의 원인으로 한 가지를 꼬집어 말하기 어렵지만 가족력과 인종을 포함한 유전적 요인이 관여한다"고 했습니다. 질병관리청 국가건강정보포털 자료에서도 부모의 사춘기가 일렀다면 자녀의 경우도 대부분 사춘기가 빨리 찾아온다고 밝혔습니다. 부모의 사춘기가 빨리 시작된 가정이라면 아이의 성장발달을 관심있게 지켜보아야 합니다.

비만도 성조숙증의 원인입니다. 과다한 영양 섭취로 비만 인구가 많아졌는데, 정상 체중이나 마른 아이보다 비만인 아이가 성조숙증 위험도가 높습니다. 그러니 아이의 체중을 관리하는 것도 중요합니다. 그 외에 환경호르몬도 원인으로 지목되고 있기 때문에, 가정에서 플라스틱 용기와 일회용품 사용을 줄이는 게 좋습니다.

성조숙증은 사춘기 증상과 동일하게 나타납니다. 여아는 유방발달, 남아는 고환발달이 첫 증상이지만 여드름, 음모, 겨드랑이털 같은 사춘기의 일반적인 특징이 나타납니다. 정수리 냄새가 심해지는 경우도 있습니다. 여름이라면 땀 냄새와 구분하기 어려울 수 있지만, 갑자기 아이의 정수리 냄새가 심해지면 주의 깊게 살펴볼 필요가 있습니다. 간혹 살이 쪄서 호르몬 상태가 바뀌어 냄새가 나는 경우도 있는데, 방치하면 성조숙증으로 이어질 수도 있으니 땀 흘리는 운동을 권해보세요.

성조숙증을 치료하지 않으면 여아는 초경이 빨리 올 수 있습니다. 초경이 친구들보다 빠르면 아이가 심리적으로 불안할 수 있습니다. 친구와의 관계에서 문제가 생길 수도 있습니다. 또래와 자신을 다르게 인식하게 되므로 우울감, 스트레스를 많이 경험할 수 있습니다. 한국간호교육학회지의 '호르몬 치료를 받은 초등학교 여아의 성조숙증 경험' 자료(2019)에 따르면 성조숙증은 또래와의 다른 체형에 대한 스트레스, 학교생활에 부적응, 정신적 성숙과 육체적 성숙 시기의 불일치로 인한 정신적 혼란으로 많은 문제점을 초래한다고 합니다.

남아 역시 경중의 차이는 있으나 심리적 불안감을 보일 수 있습니다. 부모가 가장 많이 걱정하시는 것이 '키'입니다. 서울대학교병원, 대한소아내분비학회 등 의학계에 따르면 여아 남아 관계없이 일반적인 시기의 2차 성징이 아닌 성조숙증 발생 시 성장판이 일찍 닫힐 수 있다고 합니다.

아이의 성조숙증이 의심되면 소아청소년과를 방문해보세요. 전문가에게 진단받아야 합니다. 무엇보다 치료를 받는 게 중요합니다. 건강보험공단에서 보험 적용 시기를 여아는 만 9세 이전으로, 남아는 만 10세 이전으로 규칙[별표2]비급여대상(제조1항)을 정하고 있습니다. 잘 기억했다가 병원 진단과 치료 시 적절하게 활용하세요.

병원에 가기 전에 아이에게 몸의 변화는 누구나 경험하는 자연스러운 일임을 충분히 설명해줘야 합니다. 그 시기가 다른 친구들보다 조금 일찍 찾아왔을 뿐이라고 말해주고 두려움과 걱정 없이 병원에 방문할 수 있도록 해주세요.

부록 1

# 아이의 호기심에 의연하게 대처하는

# 성교육 실전 팁

# 아기는 어떻게 생기는 거야?

아기는 어떻게 생기는지를 묻는 아이에게 과거에는 '엄마 배꼽에서 나왔지' '황새가 물어다줬어' '다리 밑에서 주워왔어'라는 식으로 많이 답했습니다. 저 역시 다리 밑에서 주웠다는 말을 듣고 어린 마음에 지금의 엄마와 아빠가 진짜 부모가 아닐 수 있다는 생각에 혼란스럽던 기억이 있습니다. 아이는 부모가 하는 말을 거의 그대로 받아들입니다. 지금은 유치원에서 "엄마, 아빠가 사랑을 하면 정자와 난자가 만나서 우리가 만들어져요"라는 노래를 배우고 부르는 상황에서 '그런 건 몰라도 돼'라고 하기는 힘듭니다.

사실과 다르게 에둘러 표현하던 과거에 비해 요즘은 부모가 사랑하는 과정 중에서 태어났다고 이야기해주는 편입니다. 거기에서 좀 더 나아가면 좋겠습니다. 먼저 아이에게 '아주 좋은 질문이야!'라고 반응하고, 그

후에 아이가 이해할 수 있을 정도로 간략하게 답해주면 됩니다. 아이에게 답한다는 것은 아이에게 정확한 지식을 전달하는 것 이상으로 중요합니다. 아이와 부모가 서로 질문하고 답하는 과정에서 대화의 습관이 형성되기 때문입니다.

아이에게 아이가 어떻게 태어나는지를 정자와 난자 이야기를 통해 답해주면 편안하게 풀어갈 수 있습니다. 생물학적 접근으로는 큰 어려움 없이 답할 수 있습니다. 문제는 아이가 '정자랑 난자가 어떻게 만나는데?'로 질문을 이어갈 때입니다. 부모도 아이의 다음 질문을 예상할 수 있지만, 막상 받으면 어떻게 설명해야 할지 난감할 수 있습니다. 그러나 성교육은 솔직해야 합니다. 있는 그대로 말해주세요. 숨긴다고 숨겨지는 게 아닙니다.

"엄마와 아빠가 사랑하면 생겨"라고 답해주세요. 아이가 다시 "그럼 엄마랑 내가 사랑하면 어떻게 돼?"라고 물을지 모릅니다. 그럴 때 얼버무리지 마세요. 답은 생각보다 쉽습니다. 이미 알고 있으니까요. 아는 대로 설명하면 됩니다. 다음의 대화를 참고하세요.

**아이:** 아기는 어떻게 생기는 거야?

**부모:** 아빠 몸속에는 아기씨가 있어. 엄마 몸속에도 아기씨가 있고. 두 아기씨가 만나면 아기가 되지.

**아이:** 아기씨는 서로 어떻게 만나는데?

**부모:** 엄마 몸속에는 아기씨들이 만날 수 있는 길이 있어. 아빠 아기씨가

그 길로 들어와서 엄마 배에서 만나지.

초등학교 고학년이라면 조금 더 구체적인 설명이 필요합니다.

**부모 :** 아빠의 아기씨는 정자, 엄마의 아기씨는 난자라고 해. 정자가 난자에게 가려면 엄마에게 있는 길을 통해서 갈 수 있어. 길에도 이름이 있어. '질'이라고 해. 정자와 난자는 질을 통해서 만나. 만날 때는 아빠의 음경이 꼿꼿해야 해. 아빠의 음경에서 정자가 나와서 엄마 몸속에 있는 난자와 만나는 거야. 그럼 아기가 생기지. 정자와 난자가 만난다고 반드시 아기가 생기는 건 아니야. 엄마, 아빠는 ○○이를 아주 많이 기다려서 만났어. 그만큼 ○○이가 태어난 건 기적 같은 일이야.

아이가 부모의 설명만으로는 이해하기 어려울 수 있으니 레고나 블록과 같은 장난감 도구를 활용해서 설명해보세요. 좀 더 쉽게 접근하고 싶다면 그림책을 사용하면 좋습니다. 이런 설명이 너무 사실적인 표현인 것 같다며 걱정하는 부모도 있지만, 미리 걱정하지 마세요. 아이는 어른과 다른 관점을 지니고 있습니다. 어른이 생각하는 것만큼 정자와 난자의 만남을 성행위로 받아들이지 않는답니다. 이를 안다면 부담 없이 설명할 수 있겠죠?

잘해야겠다는 마음이 때로 너무 앞서기도 합니다. 필요 이상으로 설명하는 부모도 계시는데(예를 들면 유아의 '아기는 어떻게 생기는 거야?'라는 질문에 초등학교 고학년에게 설명해주는 것처럼 음경과 질에 대해 설명할 필요는 없습니다), 어디까지 설명해야 한다는 답은 없지만 자녀가 이해할 수 있는 수준과 언어면 충분합니다. 부모가 설명할 수 있는 데까지 하면 됩니다. 가정에서의 성교육은 아이의 호기심을 풀어주는 게 우선입니다. 그다음에는 아이의 반응을 살펴보고 더 설명할지 말지를 정하면 됩니다.

아기가 어디서 오는지에 대한 질문은 아이가 성에 눈을 떠서 하는 게 아닙니다. '생명 탄생'에 관한 궁금증에서 시작된 질문입니다. 생명 탄생을 이해하는 것은 자기 존재에 관한 이해로 이어집니다. 이러한 질문과 답은 아이가 자기 존재를 이해하고 존중하는 데까지 나아가는 계기가 될 수 있습니다.

더불어 아이를 만날 때 출산의 고통이 전부인 양 설명하지 마세요. 엄마와 아기가 함께 힘을 합쳐 만든 기적이라고 설명해주면 좋겠습니다. 로또복권 1등에 당첨될 확률은 814만 5,060분의 1이라고 합니다. 벼락에 맞아 숨질 확률은 28만 분의 1입니다. 사람이 태어날 확률은 얼마나 될까요? 많은 과학자에 따르면 100경조 분의 1이라고 합니다. 이는 계산하기에도 어려운 수치입니다. 저명한 생물학자 최재천 박사는 생명 탄생과 관련하여 "확률적으로 보았을 때 거의 가능성 없는 일이며 확률이 낮은 기적으로, 확률적으로 말이 안 되는 일"이라고 하기도 하였습니다. 이처럼 생명 탄생은 말 그대로 기적입니다.

생명 탄생과 관련해서 인공수정과 시험관 아기에 대해서도 설명해주세요. 아기는 성관계를 통해서만 태어나지 않는다는 것을 알려주기 위함입니다. 입양에 대해서도 알려주세요. 아기는 몸을 통해서만 가족이 되는 게 아니라, 입양으로도 가족이 될 수 있습니다. 가족은 생물학적 부분을 넘어서는 개념입니다. 아이가 탄생과 가족에 대해 폭넓게 이해하고, 다양한 형태의 삶과 개념을 수용할 수 있는 성교육이 필요합니다.

'사과는 왜 빨개?' '하늘은 왜 파래?'와 같은 질문과 '난 어떻게 태어났어?'라는 질문은 비슷합니다. 대답의 내용도 중요하지만 대답할 때의 태도가 중요합니다. '나중에 알려줄게' '좀 더 크면 알 수 있어'라며 대화를 피하는 태도는 보이지 마세요. 이런 주제의 대화에 있어 부모가 편안해야 아이도 편안해집니다. 아이가 어떻게 태어나는지의 질문에 편안하게 대처해보세요.

## 아기는 어디로 나오는 거야?

"아기는 어디로 나오는 거야?" 이 질문에는 엄마 몸의 포궁이란 방을 설명해주면 됩니다. 포궁에서 아이가 크고 엄마 다리 사이에 있는 길로 나온다고 하면 됩니다.

**아이:** 엄마! 아기는 어디로 나오는 거야?

**부모:** 엄마 배 속에는 아기가 사는 방이 있고, 방에는 아기 침대가 있어. 아기는 침대가 있는 방에서 잘 자라다가 엄마를 만날 때가 되면 엄마 몸 밖으로 나오게 돼. 나올 때는 엄마 두 다리 사이에 있는 길로 나와.

**아이:** 그 길이 어딘데? 보여줄 수 있어?

**부모:** ○○이가 놀이터에 갈 때 길로 가지? 아기도 엄마를 만날 때 그런 길로 나와. 그 길은 엄마 다리 사이에 있는 길이야. 길은 엄마 몸속에 있

어서 보여줄 수 있는 게 아니야.

아이가 초등학생이라면 자세한 설명이 추가돼야 합니다. 조금 더 세세하게 설명해주세요.

**아이 :** 아기가 나오는 길이 어디야?

**부모 :** 설명해줄게. 사람 몸에는 소변이 나오는 길이 있고, 대변이 나오는 길이 있어. 아기가 나오는 길도 있고. 정자와 난자가 만나는 곳이 어디라고 했지? 맞아, 질이야. 아기가 나오는 길도 똑같아. 그 질을 통해서 나오는 거야.

**아이 :** 길이 좁을 것 같은데 어떻게 나와?

**부모 :** 엄마가 머리끈으로 설명해줄게. 지금 머리끈의 길이는 짧잖아. 그런데 이렇게 늘리면 아주 길어지지? 아기가 나오는 길도 비슷해. 아기가 나오기 전에는 이렇게 작았다가 아기가 나올 때는 늘어나는 거야. 아이가 나온 뒤에는 예전처럼 다시 작아지고. 너무 신기하지?

주변에 있는 물건을 활용해서 아이에게 설명해주세요. 머리끈이나 풍선으로 설명하면 아이가 이해하기 수월합니다. 조금 더 쉽게 접근하려면 그림책을 활용해보세요.

# 고추 키가 커졌는데, 왜 그래?

아이가 호들갑을 떨며 엄마에게 달려와 바지를 내리며 질문할 수 있습니다. 일반적으로 유아기 아이에게서 나오는 질문입니다. 있는 그대로 편하게 설명해주세요.

**아이**: 엄마! 고추 키가 커졌는데 왜 그래?

**부모**: 우리 ○○이가 고추가 키가 커져서 궁금하구나! 엄마가 설명해줄게. 고추가 키가 커진 건 ○○이가 아주 건강하다는 신호야.

**아이**: 그게 왜 건강한 건데?

**부모**: 건강한 남자는 지금처럼 고추가 커지는 일이 많아. 아침에 일어났을 때 커지기도 하고, 어떤 물건에 스쳐도 커져. 손으로 만져도 커지고. 가만히 있어도 커질 때가 있어. ○○이 몸에는 '피'라는 친구가 있는데,

피는 사람 몸속 이곳저곳을 돌아다니는 친구야. 고추가 커진 건 몸속에 피가 잘 돌아다니고 있다는 거야. 피가 몸을 잘 돌아다닌다는 건 건강하다는 신호야. 그러니 우리 ○○이는 건강해서 고추가 커진 거야.

조금 더 자세한 설명이 필요한 상황이라면 "고추가 커지는 건 ○○이 몸속에 있는 피가 빠르게 고추로 모여들어서 그러는 거야. 피가 모이면 고추가 딱딱해지고 커지거든"이라고 설명해주세요. 아이 스스로 '건강한 사람'이라는 생각을 지닐 수 있도록 아이의 눈높이에 맞게 설명해주시면 됩니다. 아이 신체 변화를 아이의 눈으로 바라보고 그에 맞춰 설명해주세요.

## 왜 엄마는 고추가 없고, 나는 있어?

아이와 함께 목욕하다 보면 아이는 자연스럽게 자신과 부모의 성기를 관찰하게 됩니다. 남아는 왜 엄마에게는 고추가 없는지 궁금해하고, 여아는 왜 아빠에게만 고추가 있는지 궁금합니다. 그럴 땐 이렇게 말해주세요.

**아이:** 엄마는 왜 고추가 없고 나는 있어?

**부모:** ○○이는 남자지? 남자는 고추가 있어. 엄마는 여자지? 그런데 엄마도 고추가 있어.

**아이:** 엄마는 고추가 없잖아. 안 보이는데?

**부모:** 엄마의 고추는 잘 보이지 않은 곳에 있어서 그래. ○○이 고추는 음경이라고 부르고, 엄마의 고추는 음순이라고 불러. 음경은 잘 보이는

곳에 있지만, 음순은 잘 보이지 않는 곳에 있지. 잘 보이지 않아서 없다고 생각한 거야. 그렇지만 여자랑 남자에게는 모두 고추가 있어.

**아이 :** 그런데 왜 아빠 고추는 커?

**부모 :** 아빠는 어른이잖아. 아빠는 ○○이보다 손도 크고 발도 커. 그렇지? 그러니까 음경도 더 큰 거야. ○○이도 더 크면 아빠만큼 커질 거야.

아이가 고추가 왜 없는지를 질문한다면 '있다, 없다'로 설명하지 마세요. '모두 있다'로 설명해주세요. 단지 눈에 보이지 않을 뿐이지 남자와 여자 모두에게 있습니다. 여자의 고추는 '숨어있다'라고 표현하는 부모도 있는데, 이는 굉장히 성차별적인 설명입니다. 자칫 아이가 여자의 성기는 부끄러워 숨겨야 하는 것, 남자의 성기는 드러내야 하는 것으로 생각할 수 있습니다. 평등하게 설명해주세요.

## 왜 나는 서서 오줌 누는데, 엄마는 앉아서 눠?

여자와 남자의 소변보는 방식이 다르다는 것을 안 아이가 할 수 있는 질문입니다.

**아이:** 나는 서서 오줌 누는데, 왜 엄마는 앉아서 눠?

**부모:** ○○이는 남자니까 서서 누고, 엄마는 여자니까 앉아서 누지.

**아이:** 왜 남자는 서서 눠? 왜 여자는 앉아서 눠?

**부모:** 남자는 오줌이 음경 안에 있는 길을 통해서 나와. 음경은 밖으로 나와 있지? 그래서 방향을 마음대로 조절할 수가 있어. ○○이는 지금 서서 오줌을 누지만 앉아서도 눌 수 있어. 방향을 조절할 수가 있으니까. 그런데 여성은 오줌이 나오는 길이 몸 안에 있어. 방향을 마음대로 조절할 수가 없겠지? 그래서 앉아서 눠야 해. 만약 서서 눈다면 방향조

절이 안 되어 소변이 옷에 묻을 수 있어.

이 정도로 설명해주면 됩니다. 소변 문제는 아이에게는 호기심을 유발할 수 있고, 부모 사이에는 갈등이 될 수도 있습니다. 남녀 서로 입장 차이라는 게 있을 수 있기 때문입니다. 소변을 보는 자세로 싸우는 부부가 생각보다 많습니다. 온라인 커뮤니티에서도 '소변보는 자세'의 문제가 논란이 되고는 합니다.

'남자와 여자는 애초부터 다른 신체기관을 지녔는데 당연히 남자는 서서, 여자는 앉아서 눠야 한다'는 입장과 '최소한의 배려' 차원에서 앉아서 눠야 한다는 의견이 팽팽합니다. '전립선에 좋지 않아 서서 눠야 한다. 생물학적으로 요도가 S자라 서서 눠야 한다'라는 주장도 있고, '서서 누는 건 관계없는데 소변이 튀지 않게 해라. 튀었으면 청소를 해라. 뒤처리만 깔끔하게 하면 된다.' '앉아서 눠야 한다. 화장실 주변에 다 튄다. 위생상 반드시 앉아서 눠야 한다. 실험 카메라를 본 뒤로는 절대 서서 누지 않는다.' 이처럼 다양한 의견이 있습니다.

비뇨기과 전문의들은 남자가 앉아서 소변보는 것은 배뇨 관련 질환이 없으면 문제없다고 합니다. 대신 S자 모양의 요도 때문에 음경을 잡고 살짝 들어줘야 꺾인 요도가 제대로 펴져 소변을 잘 볼 수 있다고 합니다. 반면 전립선비대증이 있는 경우에는 서서 소변보는 게 적절하다고 합니다. 가족과 소변보는 자세로 대화를 나눠보고 모두를 위한 가장 좋은 방법을 찾아보세요.

# 왜 엄마는 어른인데 기저귀를 해?

화장실 문을 열어놓고 볼일을 보는 엄마도 있습니다. 아이가 불안해할까 봐 또는 엄마가 불안해서입니다. 그렇다 보니 아이가 엄마의 월경대를 보는 경우도 생깁니다. 피(월경혈)를 보고 놀란 아이가 질문합니다.

**아이:** 엄마! 피난다. 피!

**부모:** ○○이도 방구가 뿡하고 나올 때가 있지? 그것처럼 엄마도 피가 나올 때가 있어.

**아이:** 왜 피가 나오는데?

**부모:** 엄마는 여자잖아. 여자는 한 달에 한 번씩 피를 만나는 날이 있어. ○○이가 유치원에 가는 날처럼 엄마도 피를 만나는 날이 있는 거야. 피

를 만날 수 있는 사람은 건강한 사람이야. 엄마가 오늘 피를 만난 것도 건강하기 때문이야. 그러니까 걱정하지 않아도 돼.

**아이:** 그런데 왜 기저귀를 해?

**부모:** ○○이 손에 피가 나면 어떻게 하지? 밴드 붙이잖아. 그래야 피가 멈추니까. 엄마도 똑같아. 기저귀를 안 하면 피가 흘러서 옷에 묻기 때문에 하는 거야. 기저귀는 아기만 하는 게 아니야. 엄마도 하고, 할머니도 해. 피는 엄마 배 속을 깨끗하게 청소해줘. 우리 ○○이도 깨끗하게 청소된 엄마 배 속에서 자랐거든. 피가 엄마 배를 깨끗하게 청소해주니까 고마운 친구지? 엄마가 아픈 건 아니니까 걱정하지 마.

월경혈을 보고 아이는 엄마가 아픈 거라고 생각할 수 있으니, 엄마가 아픈 게 아니라는 것까지 설명해주시면 좋습니다. 단순히 '피'를 보고 하는 아이의 질문에 월경과 임신까지 설명할 필요는 없습니다.

## 엄마, 아빠는 섹스해 봤어?

아이가 이렇게 질문하면 당황하지 말고 바로 역질문을 하세요. "섹스가 뭔데? 뭐라고 알고 물어보는 건데?"라고 질문하세요. 아이의 답을 듣는 동안, 아이에게 어떻게 대답해줄지 고민할 시간을 벌 수 있습니다. 그다음 편안하게 설명해주세요. 섹스가 없었으면 우리 아이도 없었으니까요. 아이의 호기심을 해소해주면 됩니다.

**아이:** 엄마, 아빠는 섹스해 봤어?

**부모:** 그럼. 해봤지.

**아이:** 진짜?

**부모:** 섹스는 엄마, 아빠처럼 사랑하는 사람이 몸으로 하는 행동이야. 그

래서 ○○이가 태어날 수 있던 거야.

**아이:** 어떻게 하는 건데?

**부모:** 엄마, 아빠는 ○○이를 무척 사랑해. 사랑하는 사람들은 서로 손잡는 것도, 뽀뽀하는 것도 좋아해. 몸을 맞대는 것도 좋아하고. 사랑하는 사람끼리 몸으로 사랑을 표현하는 것을 섹스라고 해. 엄마, 아빠도 몸을 맞대고 사랑을 나누었거든. 그래서 ○○이가 태어날 수 있었던 거야. 섹스는 사랑을 표현하는 방법의 하나야.

엄마, 아빠의 사랑을 기본으로 성관계 맥락을 설명해주면 됩니다.

초등학교 6학년을 대상으로 한 성교육 중 섹스 교육을 하던 날이었습니다. 교육을 받던 여학생이 "선생님! 저흰 3남매인데요, 그럼 저희 엄마, 아빠는 섹스를 몇 번 한 거죠?"라고 질문했습니다. "그건 저도 모르고, 부모님도 모르실 거예요. 횟수를 세는 사람은 없으니까요"라고 했더니 놀라더군요. 이런 질문하는 아이도 있어요. "나를 낳고도 계속 섹스를 한다고요?" "그럼요. 앞으로도 계속할걸요"라고 답했습니다. 사랑하는 부부라면 출산과 상관없이 언제든 몸으로 사랑을 나눈다는 설명도 필요합니다. 아이가 어떤 경로로 섹스라는 단어를 접하게 되었는지 되물어보세요. 혹 성적 표현물을 통해 알게 되었다면 PART 4 내용을 바탕으로 설명해주세요. 더불어 다른 사람에게 이런 질문하는 것은 예의가 아니라고 알려주세요. '성'은 가정에서는 건강하게 대화할 수 있지만, 가정 밖에서 다른 사람에게 이야기할 경우에는 상대에게 불편함을 줄 수도 있음을 알려주세요.

부록 2

# 고민되는 상황에 현명하게 대처하는

# 성교육 실전 팁

# 남매가 부둥켜안고 놀 때

7세 딸과 초등학교 6학년 아들이 서로 부둥켜안고 놀아서 걱정된다는 상담을 받은 적 있습니다. 남매가 별다른 문제없이 잘 놀고 있다면 괜찮습니다. 꼭 떨어뜨려 놓아야 하는 건 아닙니다. 하지만 가족 간에도 명백한 경계가 있고, 그 경계는 존중되어야 한다는 걸 꼭 가르쳐주어야 합니다. 어린 남매 사이에서도 마찬가지입니다.

먼저 아이들에게 질문해볼 것을 권합니다. 서로 부둥켜안고 놀 때 기분은 어떤지, 불쾌한 적은 없었는지 등을 물어보세요. 무조건 '하지 마'보다 아이들의 반응에 따라 결정하는 게 좋습니다.

아이들이 불쾌한 적 없다고 하면 "○○이와 ○○이는 서로 끌어안고 노는 게 불편하지 않구나! 그런데 아무리 친한 가족이라도 지켜줘야 하는 선이 있어. 서로 끌어안고 노는 게 잘못은 아니지만, 앞으로는 ○○이와 ○○이도 선을 지켜주면서 놀면 좋겠어. 부둥켜안고 노는 것 말고 다른 방법으로 서로를 생각해주는 표현을 하면 어떨까? 어떤 방법이 좋을까?"라고 말해주세요.

만약 한 아이라도 불쾌한 적 있다고 답했다면, "그런 일이 있었구나! ○○이는 ㅁㅁ이가 한 행동 때문에 불쾌했구나! 엄마에게 솔직하게 말해줘서 고마워. ㅁㅁ아! ○○이에게 사과하자. 앞으로는 부둥켜안고 노는 것 말고 다른 방법으로 표현해보자. 어떤 방법이 좋을까?"라고 이끌어주세요.

그리고 상대가 불쾌감을 느끼고 말했는데도 멈추지 않았다면 명확하게 잘못된 행동임을 알려줘야 합니다. 또 장난으로라도 서로 몸을 만져서는 절대 안 된다고 가르쳐주세요. 아이들과 대화를 통해 경계를 지키며 놀 수 있는 방법을 같이 찾아보세요.

# 남자처럼 행동하는 딸, 여자처럼 행동하는 아들

"초등학교 1학년 딸이 개성이 강하고 목소리도 우렁차서, 공원이나 놀이터에서 놀 때면 목소리가 쩌렁쩌렁하게 울립니다. 주변에 눈치가 보일 때가 많고, 남자아이처럼 행동하는 것 같습니다. 이런 딸을 그냥 두어도 괜찮을까요?"

"7세 아들은 조용히 앉아서 책 읽기를 좋아하고 누나의 치마를 입고 유치원에 가기도 합니다. 선생님이나 주변 사람들이 저와 아이를 이상한 눈으로 보는데 그 시선이 느껴질 정도입니다. 치마를 좋아하는 아들이 제 눈에만 괜찮은 걸까요? 제가 이상한 건가요?"

두 어머니가 질문하는 맥락은 같습니다. 남자같이 행동하는 딸, 여자

같이 행동하는 아들 때문에 고민이라는 것이지요. 아이들도 보통의 아이들이고, 어머니들도 이상하지 않습니다. 주변에서 보통의 아이로 보지 않는 것이 문제입니다.

여자아이가 씩씩하거나, 남자아이가 치마를 입으면 튀는 아이로 때로는 문제가 있는 아이로 인식됩니다. 부모가 문제여서 아이가 이상하다며 험담을 하기도 합니다. 그러나 '남자 같은 것'과 '여자 같은 것'은 애초에 없었습니다. 우리 사회의 고정관념으로 공고히 자리 잡고 있을 뿐입니다.

우리가 사는 세상에는 무수히 많은 틀이 존재합니다. 틀에 사람을 맞추면 틀만큼만 성장하게 됩니다. 사회에서 요구하는 여자 같은 혹은 남자 같은 틀에 아이를 맞추지 말고 아이가 지닌 색깔을 존중해주세요.

여자아이가 씩씩한 것, 남자아이가 치마를 입는 것은 이상한 게 아닙니다. 그것을 이상하게 보는 시각이 이상한 것입니다. 아이를 그대로 인정하고 사랑해주세요. 있는 모습 그대로를 인정하고 사랑해주는 만큼 아이는 잘 자랍니다.

'코이'라는 물고기가 있습니다. 관상어로 유명한데, 이 코이를 작은 어항에 넣으면 5~8cm만 자랍니다. 수족관에 넣으면 15~25cm만큼 자라고, 강에 방류하면 90~120cm까지 자랍니다. 그래서 코이는 "생활하는 물에 따라 크기가 달라지듯 사람 또한 주변 환경과 생각의 크기에 따라 자신이 발휘할 수 있는 능력과 꿈의 크기가 달라진다"는 '코이의 법칙'으로 잘 알려져 있습니다.

같은 물고기인데도 어항에서 기르면 작게 크고, 강물에 놓아기르면 크게 성장하는 것처럼 아이도 어떤 틀에 맞추느냐 그렇지 않으냐에 따라 다르게 성장할 것입니다. 생각의 크기에 따라 결과가 많이 달라질 수 있습니다. 이제부터 아이의 개성을 어항에 가두지 않고 강물에서 마음껏 자라나도록 해주세요.

# 아이에게 좋아하는 동성 친구가 생겼을 때

"초등학교 4학년 딸에게 부쩍 가깝게 지내는 친구가 생겼습니다. 그 친구는 같은 반 여자아이인데, 아이는 친구를 볼 때마다 가슴이 콩닥콩닥 뛴다며 자기가 동성애자 같다고 합니다. 사람은 누구나 일시적으로 그럴 수 있다고 말은 했는데 걱정입니다."

아이의 입에서 동성애자라는 말을 듣고 놀랐을 텐데 이야기를 잘해주었습니다. 사람은 다른 성별의 사람을 좋아할 수도, 같은 성별의 사람을 좋아할 수도 있습니다. 성별을 떠나 누군가를 좋아한다는 것은 굉장히 멋진 일입니다.

살다 보면 수많은 감정이 찾아옵니다. 누군가를 좋아하는 감정도 사람에게 꼭 필요한 감정 중 하나입니다. 이런 감정을 '좋다' '나쁘다'로 재단하긴 어렵습니다. 아이가 느끼는 감정은 아이가 어떤 사람인지 알아가는 중요한 정보이지 옳고 그름의 기준은 아닙니다.

아이는 친구에게 '인격체의 대상'으로 사랑을 느낄 수 있습니다. 이러한 감정은 일시적일 수도 그렇지 않을 수도 있습니다. 지금 당장 그것을 판단하기는 어렵습니다. 학창 시절에 같은 성별의 친구나 선배에게 설렘을 느끼는 경우가 제법 있습니다. 사람 대 사람으로 관계를 맺고 감정을 나누는 것은 특별하거나 이상하지 않은 보통의 일입니다.

아이의 상황을 일반적인 일로 생각하세요. 나아가 아이에게 왜 동성애자라는 말을 사용하였는지 그리고 우리 사회는 동성애자라는 단어를 왜 불편해하는지 이야기 나눠보세요.

더불어 아이가 다른 친구들과의 사이는 어떤지, 지금의 삶에 행복해하는지도 살펴보세요. 일상생활이 즐겁고 행복할 수 있도록 부모님이 적극적으로 도와주세요.

# 왜 성관계는 어른이 된 뒤에 해야 하냐고 물어올 때

성관계는 건강한 몸과 마음으로 시작해야 합니다. 청소년이라면 건강한 몸이 되었는지를 먼저 생각해야 합니다. 만 18세는 되어야 신체 내부 생식기가 완성됩니다. 인지발달 연구의 선구자인 피아제에 따르면 사람은 17~21세경에 골격 발달이 완성되고, 19~26세경에 신체적 수행 능력이 정점에 달한다고 합니다. 시각, 청각의 감각은 20세 전후에 가장 예민하게 발달하는데 근육과 내부 기관의 기능 역시 이 시기에 최고조에 이른다고 했습니다.

따라서 그 시기 이전에는 성관계를 할 만큼 건강한 몸이 준비되었다고 보기 어렵습니다. 그러니 성관계는 그 이후에 하는 게 좋겠다고 말해 주세요. 건강한 몸이 되지 않았을 때 성관계를 하게 되면 문제가 생길 수 있습니다.

특히 여성의 포궁과 질은 매우 민감한 곳으로 상처를 입으면 성인이 되어 불임을 경험할 수도 있습니다. 피임의 문제도 빼놓을 수 없는 중요한 문제입니다. 완벽한 피임은 성인도 어렵습니다. 임신은 간단하게 피할 수 있는 문제가 아님을 아이가 이해할 수 있도록 잘 설명해주세요.

더불어 성관계 후 발생할 수 있는 일에 대해 아이가 잘 대처하고 책임을 질 수 있을지도 이야기를 나눠보세요. 성관계로 시작된 임신중절이나 성병은 매우 위험하다는 것을 알려주세요. 성관계는 하고 싶다고 하는 게 아니라, 상대방의 동의와 사랑, 또 다른 생명까지 생각해야 함을 설명해주세요. 성관계는 이러한 모든 것이 충분히 갖추어졌을 때 해야 한다고 분명히 알려줘야 합니다.

# 아이 친구가 팬티 속을 보여 달라고 했을 때

"6살 딸아이와 어린이집에서 보낸 하루 일과를 이야기 하던 중, 아이가 같은 반 남자아이로부터 팬티 속을 보여 달라는 말을 들은 걸 알았습니다. 아무리 아이들끼리지만 명백한 성폭력이라고 생각하는데 어떻게 대처하는 게 좋을까요?"

먼저 많이 놀랐을 텐데 감정적으로 표현하지 않았네요. 잘하셨어요. 아이의 말을 듣는 순간 놀란 나머지 아이를 다그치며 되묻기 쉬운데, 적절하게 대처하셨습니다. 이런 놀이(생식기를 보여 달라거나 보려고 하는 놀이)는 주로 4~6세 때 집중되는데 성적 의도가 있는 행동은 아닙니다.

우선 아이의 기분부터 살피는 게 좋습니다. 솔직하게 엄마에게 이야기해줘서 고맙다고 먼저 말해주세요. 친구가 그렇게 말했을 때 기분이 어땠는지 물어보고요. 대개 아이는 놀이로 생각하기에, 어른이 생각하는 것처럼 성폭력 피해를 입었다고 여기지는 않습니다.

아이에게 친구가 놀이할 때 규칙을 잘 몰라서 한 행동이라고 말해주세요. 혹시 같은 행동이 반복된다면 꼭 지금처럼 이야기해달라고 하세요. 그리고 아이에게 다른 사람에게 자신의 몸을 보여줘서도 안 되고, 아이 역시 다른 사람의 몸을 보려고 하거나 보여 달라고 하면 안 된다는 것도 말해주세요. 다른 사람의 몸을 보여 달라고 하는 것은 잘못된 행동임을 알려주세요.

다음은 어린이집 선생님께 사실을 이야기해야 합니다. 어린이집에서는 상대방 부모에게 이런 사실을 알리고 같은 일이 반복되지 않도록 해야 합니다. 이번 일을 계기로 가정과 어린이집에서는 놀이의 규칙을 제대로 인지하고 아이에게 가르쳐야 할 것입니다. 다시는 그런 일이 발생하지 않는 것을 목표로 모두 함께 고민하고 교육해야겠습니다.

부록 3

# 성범죄로부터 우리 아이를 지키는

# 실전 교육법

NO

# 성폭력에 대한 통념을 수정해야 합니다

성폭력 상황이 반복되는 건 성폭력에 대한 통념 때문인 경우가 많습니다. 사회에서 용인되는 성폭력 통념부터 점검해야 합니다.

성폭력과 관련된 첫 번째 통념은 '성폭력은 나에게 일어나지 않는다'는 것입니다. 성폭력은 나와 무관한 다른 사람의 이야기라고 생각하는 겁니다. 그러나 성폭력 피해자는 생후 4개월 아기부터 70세 노인까지 다양합니다.

국가통계포털 2019년 '경찰청 범죄통계'에 따르면 강간, 유사 강간, 강제추행은 총 21,480건이 발생했습니다.

| 강간, 유사 강간, 강제추행 | 남성 피해자 | 여성피해자 |
|---|---|---|
| 21,480명 | **1,316명**<br>6세 이하 : 11명<br>12세 이하 : 114명<br>15세 이하 : 62명<br>20세 이하 : 197명<br>30세 이하 : 514명<br>60세 초과 : 55명 | **19,822명**<br>6세 이하 : 110명<br>12세 이하 : 760명<br>15세 이하 : 922명<br>20세 이하 : 3449명<br>30세 이하 : 7,587명<br>60세 초과 : 721명 |

이처럼 성폭력은 누구에게나 일어날 수 있고, 우리 모두의 안전에 관한 문제입니다. 개인의 문제가 아닌 우리 사회의 문제입니다.

성폭력에 관한 두 번째 통념은 '성폭력은 저항하면 피할 수 있다'는 것입니다. 그러나 성폭력은 자동차로 제 갈 길을 가고 있었을 뿐인데 난데없이 뒤에서 다른 차가 추돌사고를 일으킨 것처럼 부지불식간에 일어나는 사고입니다.

또한 성폭력은 권력의 문제입니다. 성폭력 피해자는 대개 힘이 없고 직급이 낮은, 사회적으로 약자인 경우가 많습니다. 이들이 적극적으로 거부를 표현하거나 저항하기는 쉽지 않습니다. 더구나 생존이 걸린 문제에 있어 쉽게 거부하고 저항할 수 있을까요? 성폭력은 피해자가 처한 상황과 권력 관계를 고려해야 하는 문제입니다.

성폭력에 관한 세 번째 통념은 '성폭력 피해자는 그럴 만한 사람이다'는 것입니다. 옷차림이나 행실을 이유로 성폭력의 책임을 전가하는 것입니다. 피해자는 피해자입니다. 성폭력 피해자가 될 만한 사람은 그 어디에도 없습니다. 그런데도 성폭력에 대한 왜곡된 통념을 바탕으로 오히려 피해자를 탓하는 2차 가해가 계속되고 있습니다.

이제는 성폭력에 대한 잘못된 통념을 인지하고, 다른 이에게도 알려줘야 합니다. 통념이 변하지 않으면 피해자에게 책임을 돌리는 상황이 계속될 것입니다. 거부하라고 하기 전에 피해에 대해 말할 수 있는 사회 분위기가 조성되어야 합니다. 그런 분위기를 함께 만들어야 합니다. 아이에게 올바른 성교육을 하려면 부모부터 왜곡된 성폭력 통념에서 벗어나야 합니다. 이는 우리 사회의 인식을 바꿔나갈 수 있는 출발이 될 것입니다.

# 권력 문제는 성폭력의 근간입니다

'하인리히의 법칙'(Heinrich's law)이라고 들어보셨나요? 허버트 윌리엄 하인리히(Herbert William Heinrich)가 《산업재해 예방 : 과학적 접근》(Industrial Accident Prevention : A Scientific Approach, 1931)에서 소개한 법칙으로 1:29:300의 법칙이라고도 합니다.

대형사고가 한 번 발생하기 전에 29번의 경미한 사고와 300번의 징후가 있다는 것입니다. 성폭력도 이와 비슷합니다. 성폭력 상담전문가에 따르면 "성폭력 범죄자가 초범인 경우는 없다. 처음으로 발각된 것뿐이다"라고 합니다. 일상에서 잘 드러나지 않는 자잘한 폭력이 용인되고 묵인되어 추후 더 큰 범죄를 야기한다는 것입니다.

우리는 나의 행동이 다른 사람에게 어떠한 영향을 줄 수 있는지 정확하게 알 필요가 있습니다. 폭력을 행사한 사람은 문제가 무엇인지 인식하지 못하는 경우가 많습니다. 재미로 했다거나 의도하지 않은 행동이라고 합니다. 폭력 민감성이 아주 낮은 것입니다.

가정에서부터 폭력 민감성을 키워야 합니다. 아이가 장난으로 하는 행동이 어떤 영향을 미칠 수 있는지 제대로 교육해야 합니다. 성폭력에서 가장 중요한 것은 법률적 개념이 아닙니다. '상대(피해자)가 어떻게 느끼는가?'가 중요합니다.

성폭력을 하지 않아야 하는 이유는 그 범죄의 대가로 처벌받지 않기 위해서가 아니라, 상대를 존중해야 하기 때문입니다. 법적으로 성폭력이 성립되지 않더라도 상대를 불편하게 했다면 잘못된 행동임을 알아야 합니다. 성폭력은 성을 매개로 한 말이나 행동 모두를 포함합니다. 폭력과 사랑을 구분 못 하는 사람이 있습니다. 폭력을 행사하는 것을 애정표현으로 해석하는 것입니다. 폭력 행동을 정당화하는 대단히 잘못된 인식입니다.

아이들 사이에서 놀리는 일도 있습니다. "가슴도 안 나온 게 여자냐?" "절벽이다" "○○이는 완전 번데기야"라면서요. "얼굴도 못생긴 주제에" "재는 완전 츄파춥스야"라며 모욕적인 말을 하기도 하고, 싫어하는 별명을 계속 부르기도 합니다.

거짓말로 친구를 곤란하게 만들기도 하고요. 이는 모두 명백한 폭력입니다. 부모는 아이의 폭력을 더욱 깊게 이해할 필요가 있습니다. 우리 아이가 무심코 던지는 말과 행동이 누군가를 아프게 할 수 있으니까요.

성폭력의 근본적인 문제가 무엇일까요? 미투운동을 통해서도 알 수 있듯이 성폭력은 '권력'의 문제입니다. 힘이 있는 누군가가 힘이 없는 사람을 대상으로 한다는 것이죠. 그 권력은 성별, 나이, 덩치, 부모의 경제력, 공부를 잘하는 정도 등 다양합니다.

결국 약자를 괴롭히는 폭력입니다. 우리 아이가 누군가에게 권력을 행사할 수도 있습니다. 그땐 잘못된 행동이라고 단호하게 말해주세요. '장난이니까 그럴 수도 있지'는 위험하고 이중적인 태도입니다.

아이들은 장난의 대상을 고릅니다. 자신보다 약한 아이로요. 자신보다 힘이 있는 아이에게는 절대 짓궂은 장난을 치지 않죠. 결국 성폭력은 존중의 이야기이고 평등의 이야기입니다. '그 나이 때는 다 그렇지 않나요?'라는 시각도 있지만, 제대로 배운 아이는 약자를 함부로 대하지 않습니다.

성폭력을 사소한 일로 치부하지 마세요. 남자도 여자도 배워야 합니다. 나이가 어려도 많아도 배워야 합니다. 다른 사람을 존중하는 방법이니까요. 어려서 괜찮다고 생각한다면 존중의 기회는 영영 놓치고 말 겁니다.

처음부터 은행을 터는 도둑은 없습니다. 좀도둑질로 시작하여 묵인되다가 더 큰 범죄를 저지르게 되는 것이죠. 성폭력도 마찬가지입니다. 어느 날 갑자기 일어나는 범죄가 아닙니다. 잘못된 성별 고정관념으로 시작하여 성차별적인 의식이 쌓이고 쌓여서 발생합니다.

성폭력이 발생하지 않으려면 일상 속에서 폭력 민감성을 키워야 합니다. 부모부터 사고를 점검하고 바꿔가세요. 가정에서부터 아이의 폭력 민감성을 키워주세요.

# 성폭력에 대해 일상적인 관심과 대처교육이 필요합니다

'비동의 간음죄'라고 들어보셨나요? 현행법상에서 강간죄가 성립되려면 폭행이나 협박이 수반되어야 합니다. 비동의 간음죄는 상대방의 동의가 없는 상태에서 성관계를 했다면, 폭행이나 협박이 없었어도 성폭력 범죄로 처벌하는 것입니다.

피해자가 거부 의사를 명확히 밝혔는지보다, 가해자가 제대로 동의를 받았는지를 보는 것입니다. '노 민스 노 룰'(No Means No rule)보다 한 발짝 더 나아간 '예스 민스 예스 룰'(Yes Means Yes rule)인 것입니다. '비동의 간음죄'에 대해서는 의견이 다양합니다. 이것이 악용되어 무고의 소지가 있을 수 있기 때문입니다.

중요한 것은 상대방의 침묵이 동의가 아니라는 것을 알아야 합니다. 적극적으로 '싫다'고 표현하지 않은 것을 튕기는 거라고 해석하지 않아야 합니다. 성폭력의 대상이 누구든 피해자가 폭력을 미리 막을 수는 없습니다. 피해자가 잘못하여 일어나는 일이 아니기 때문입니다. 성폭력은 가해자가 마음먹고 피해자에게 접근하기 때문에 발생합니다.

예를 들어 혼자 길을 걷고 있습니다. 갑자기 누군가 뒤에서 목에 칼을 들이대고 "조용히 해! 따라와! 따라오지 않으면 죽는다!"라고 하면 "싫어요! 안 가요! 사람 살려!"라고 소리치고 저항하는 게 쉽지 않습니다. 가해자는 일반적으로 자신보다 약자를 범행 대상으로 삼고, 피해자는 소리치면 죽을 수도 있는 위협적인 상황에서 저항하기란 쉬운 일이 아닙니다.

물론 이런 상황에서는 어떻게 도망치는 게 좋을지, 도망을 간다면 어디로 갈지 생각해볼 수 있으면 좋습니다. 때로는 가해자를 회유하거나 설득할 수도 있습니다. 성폭행 위기에 처한 여성의 이야기를 예로 들면, 혼자 사는 여성의 원룸에 가스 배관을 타고 침입한 남성이 잠자던 여성을 성폭행하려 했습니다.

여성은 가해 남성에게 성관계에는 콘돔이 있어야 한다며 여러 차례 설득하여 함께 콘돔을 사러 편의점으로 향했고, 그 과정에서 탈출에 성공했습니다. 위기의 순간에 기지를 발휘해 침착하게 대응한 덕에 가해자는 붙잡히고 피해자는 위기를 모면할 수 있었습니다.

아이에게도 성폭력 범죄 상황에 대한 다양한 대처방법을 알려주세요.

도망쳐야 하는 상황이라면 어떻게 도망을 칠지 이야기 나눠봅니다. 도망친 뒤에는 어디로 가는 게 안전한지 정해두어도 좋습니다. 도움을 요청할 수 있는 사람이 누구인지도 알려줍니다. 긴급전화번호도 알려주세요. 아이가 기지를 발휘하여 상황에 따라 대처할 수 있도록 지도해주세요.

도망쳐야 하는 상황에서 무조건 크게 소리를 질러 도움을 요청해야 한다고 생각하기 쉬운데, 상황에 따라 좋은 방법이 아닐 수 있습니다. 아이가 무서워서 소리를 내지 못할 수도 있고, 소리를 지르면 오히려 아이의 안전을 위협받을 수도 있습니다. 따라서 다양한 방법이 필요합니다. 평소 호신용 경보기를 휴대하고 다닐 수 있도록 해주는 것도 하나의 방법입니다.

아이가 주로 생활하는 반경을 함께 그림으로 그려 '우리 동네 안전지도'를 만들어보는 것은 어떨까요? 위험한 장소가 어딘지, 무슨 일이 생겼을 때 도망칠 장소는 어딘지 표시해보고 안전한 장소로 정해둡니다. 아이와 함께 그 장소를 걸어보면서 이야기를 나눠볼 수도 있습니다.

'아동안전지킴이집'에 대해 아이에게 설명하고 함께 방문해보는 것도 좋은 방법입니다. 아동안전지킴이집은 학교 주변, 통학로, 공원 주변의 문구점, 편의점, 약국 등을 지정하여 위험에 처한 아동을 임시 보호하며 경찰에 인계하는 곳입니다. 야쿠르트 아주머니, 태권도 사범, 집배원, 모범택시운전자회, 학원 차량 기사 등도 활동 중입니다. 모두 도움을 요청할 수 있는 사람이라고 알려주세요. 아이와 함께 우리 동네 아동안전지킴이 집 위치를 확인해보는 것도 좋은 방법입니다. 경찰청 안전DREAM 홈페이지에 접속 후 아동안전지킴이집 바로가기 클릭, 아동안전지킴이집 찾기 클릭, 검색창에 거주하는 동을 입력하면 확인이 가능합니다. 긴급전화번호 112도 알려주세요. 반드시 음성 통화가 아니더라도 112 번호를 눌러서 현재의 위치나 상황을 경찰이 눈치챌 수 있도록 할 수 있다고 설명해주세요.

안타깝게도 성폭력에 100% 완벽한 대처법은 없습니다. 위에서 언급된 내용이 너무 뻔해보일 수도 있지만, 미리 생각해보고 연습하고 준비해둔 상황과 그렇지 않은 상황은 너무나 다릅니다. 실제 상황에서 큰 차이가 날 수도 있음을 기억하세요. 내 아이를 위험으로부터 지키는 것은 일상적으로 아이에게 관심을 두고, 성폭력에 대한 대처방법을 일러주는 데서 시작한다는 것을 기억하세요.

# 성폭력 2차 가해를 당장 멈춰야 합니다

성폭력을 경험한 사람이 적지 않을 겁니다. 바바리맨을 만나거나, 선생님이 예쁘다며 엉덩이를 두들기던 경험도 있을 거예요. 특히 우리 사회에서 여성이 성폭력을 단 한 번도 경험하지 않는 경우는 거의 없습니다. 성폭력은 인권을 침해하는 폭력이며 범죄입니다.

성폭력은 운이 나빠서 일어나거나 실수로 생기는 일이 아닙니다. 피해자가 잘못하여 일어나는 일은 더더욱 아닙니다. 가해자가 마음먹고 저지르기 때문에 누구나 피해 대상이 될 수 있습니다.

지금껏 성폭력 경험이 없으면 앞으로도 그러리라 생각할 수 있습니다. 그러나 지금까지 교통사고가 나지 않았다고 해서 앞으로도 일어나지 않는다고 장담할 수 없습니다. 성폭력은 나에게도, 내 아이에게도 일어날 수 있습니다.

남성이라고 성폭력에서 예외일 수는 없습니다. 한국국방연구원 자료에 의하면 동성 간 성폭력은 2019년 260건에서 2020년 333건으로 증가했는데, 이는 거의 매일 한 건의 동성 간 성폭력이 발생한다는 것을 의미합니다. 동성에게 성추행을 당한 남자 중학생의 어머니가 국민청원(2020)을 올렸습니다. 기숙사에 있던 아들이 계속된 동기들의 성추행에 결국 해서는 안 되는 선택을 한 것입니다.

성폭력을 일부 문제가 있는 사람의 일탈로 치부해서는 안 됩니다. 왜곡된 젠더 문화 안에서 우리 모두 피해자가 될 수도 가해자가 될 수도 있습니다. 자신도 모르는 사이에 성폭력을 용인할 수도, 피해자를 탓할 수도 있습니다.

성폭력의 '사소화'가 문제입니다. 성폭력의 '사소화'란 "누구나 실수할 수 있잖아" "네가 이해하라" "나쁜 의도가 아니었어" "네가 예뻐서 그랬어" 등으로 성폭력의 의미를 축소하여 가해자의 행동을 사소하게 느껴지게 하는 것입니다.

'사소화'는 피해자를 침묵하게 만들고, 가해자의 입지를 강화합니다. 피해자는 말할 수 있어야 하고, 우리 사회에는 이를 들어야 하는 책임이 있습니다. '사소화'를 통해 성폭력의 책임을 피해자에게 떠넘기는 것은 2차 가해입니다.

성폭력 피해자에게 '피해자다움'을 강요하기도 합니다. 이는 그릇된 사회통념에 기반한 또 다른 2차 가해입니다. 예를 들면, 성폭력 피해 상황 시 격렬하게 저항하면 피해를 충분히 막을 수 있다고 여깁니다. 그렇다 보니 피해자답지 않은 행동을 하면 여과 없이 비난의 화살이 돌아옵니다. 2019년 여성가족부 성폭력 안전실태조사에서 44%의 여성이 성폭력에 아무런 대응을 못 했다고 합니다. 갑작스러운 범죄 상황에는 어떻게 해야 하는지 몰라 허둥대고 맙니다.

피해자에게 왜 가만히 있었는지, 소리치지 않았는지, 바로 신고하지 않고 시간이 지난 뒤 신고했는지를 묻는 경우가 많습니다. 성폭력 피해자가 생존이 걸린 상황에서 매뉴얼대로 대응한다는 것은 어려운 일입니다. 성폭력 피해자를 생존자라고도 표현합니다. 그만큼 성폭력이 중범죄이고 생존을 위협하는 상황이기 때문입니다.

성폭력 피해자에게 왜 더 적극적으로 저항하지 않았냐고 책임을 묻는 건 명백한 범죄이며, 2차 가해입니다. 피해자를 온전하게 보호하지 못할 망정 피해자의 윤리나 태도를 문제 삼는 것은 2차 가해입니다.

예를 들어, 전 충청남도 도지사 성폭력 고발의 기록인《김지은입니다》(2020, 봄알람)의 저자 김지은 씨는 가해자 주변 사람의 이야기 속에서 자신은 이상하고 문제 있는 여자가 되어버렸고, 성폭력 피해에 관해 적극적인 거부를 표시하지 않은 이유에 대한 질문을 많이 받았다고 합니다.

이처럼 피해자에게 도움이 필요한 상황에서 적절하지 않은 시선이나 질문 등으로 피해자에게 더 큰 상처를 준다면 그 상처의 깊이는 더욱더 깊어질 것입니다. 이제부터라도 자기 인식을 점검하고, 아이에게 교육해줘야 합니다. 성폭력 2차 가해를 멈춰야 합니다. 이는 우리 모두에게 해당되는 이야기입니다.

# 피해자 방지 교육보다 가해자 방지 교육이 먼저입니다

어떤 문제를 마주했을 때 그 문제에 얼마나 민감한지에 따라 문제 해석이 달라집니다. 성폭력 문제에서는 그렇습니다. 많은 사람이 잘 피해야 하고, 잘 피하면 피해를 입지 않을 것처럼 교육받아왔습니다. 이것이 기존의 성폭력 예방 교육이었습니다. 그러나 이제 이런 프레임은 바뀌어야 합니다. 성폭력을 피하는 것으로 인식해 조심시키고, 피해자에게 피해자다움을 강요하는 성교육은 잘못된 교육이기 때문입니다. 성폭력 사건은 가해자가 피해자에게 마음먹고 접근하기 때문에 발생합니다. 피해자가 부주의하거나 조심성 없어서 일어나는 게 아닙니다. 이제는 성폭력 발생을 조심시키는 교육을 멈추고, 성폭력 가해 행동을 방지하는 데 중점을 둔 성교육을 해야 합니다.

TV를 보며 연예인의 외모를 평가하거나, 사람을 만날 때 겉모습으로 평가하는 부모가 있습니다. 아이는 부모의 언행에서 많은 영향을 받습니다. 외모에 대한 평가 발언을 서슴없이 하는 부모에게서 아이는 성희롱을 배울 수 있습니다.

누군가의 외모를 평가하는 것은 경계를 침범하는 것이고, 경계를 침범하는 것은 명백한 폭력입니다. 아이가 누군가를 외모로 평가한다면 그래서는 안 된다는 것을 정확하게 알려주세요. 이러한 발언이 모여 차별과 배제를 만들고 피해를 일으킨다는 것을 알아야 합니다.

우리가 그동안 받아왔던 성폭력 예방 교육에는 문제적 고정관념이 내재해 있습니다. 성적 책임은 피해자가 져야 한다는 게 대표적입니다. 피해자가 미리 조심했어야 한다는 인식입니다.

그러나 성폭력 가해자가 성폭력 행동을 하지 않았으면 성폭력은 발생하지 않을 것이고, 피해자가 대처할 일도 없을 것입니다. 성폭력은 피해자의 행동과 관계없는, 가해자의 문제입니다. 당연히 성폭력은 가해자 방지에 초점을 맞추어 접근해야 합니다.

# 디지털 성범죄는 인격 살인이라는 중범죄입니다

방송통신위원회 '2020년도 방송매체 이용행태조사'에 따르면 10~50대의 스마트폰 보유율은 98%라고 합니다. 또한 정보통신정책연구원 '어린이·청소년의 휴대폰 이용시간, 이용 서비스 형태분석'(2019)에 의하면 초등 저학년의 스마트폰 보유율은 37.8%, 초등 고학년은 81.2%, 중학생은 95.9%, 고등학생은 95.2%로 나타났습니다.

현재 우리 사회는 디지털과 온라인 영역이 일상이 되었습니다. 이전에는 사람을 직접 대면하면서 관계를 맺었지만, 이제는 온라인상에서 관계를 맺고 소통하는 게 더 일상적입니다.

상황이 이렇다 보니 다양한 형태의 디지털 범죄가 늘고 있습니다. 디지털 성범죄 대다수가 휴대폰 카메라 등을 이용한 범죄입니다. 범죄유형은 다양한데, 개인의 이미지를 성적으로 이용하거나, 온라인 그루밍이나 스토킹, 더 나아가서는 오프라인 범죄와 연계되기도 합니다.

그중 아이들의 피해가 심한 게 그루밍 성범죄입니다. 그루밍 성범죄는 '길들이는 범죄'입니다. 가해자는 먼저 피해자의 호감과 신뢰를 얻는데 공을 들이고, 아이에게 어느 정도 신뢰를 쌓았다 싶으면 성적 착취를 가합니다.

SNS 환경이 발달하면서 그루밍 성범죄가 빠르게 늘고 있습니다. 그러나 아이들은 자신이 범죄피해대상임을 인지하지 못합니다. 정서적 지배를 받는 가스라이팅과 유사하게, 피해자 스스로 적절한 판단을 내리지 못하게 됩니다.

대표적인 그루밍 성범죄 사건이 '텔레그램 N번 방'입니다. 가해자가 미성년자 및 여성을 대상으로 성 착취 영상물을 찍도록 협박하고, 그렇게 촬영된 영상을 판매·유포한 것입니다. 익명을 무기로 피해자에 대한 가해자의 접근이 용이했습니다.

2020년 한국사이버성폭력대응센터 '피해 상담통계'(2020)에 따르면 온라인 그루밍 성범죄 피해자의 80%가 10대였습니다. 가정과 학교에서 아이들에게 성교육이 절실히 필요한 이유입니다. 아이에게 그루밍 자체가 범죄임을 알려주어야 합니다.

아이는 스마트폰으로 만나는 세상을 받아들이는 속도는 빠르지만, 비판적 사고는 어른보다 상대적으로 부족합니다. 그러니 아이들에게 성범죄의 특징과 패턴을 알려줘야 합니다. 아이가 무심코 하는 행동으로 범죄의 대상이 될 수 있음을 주의시켜야 합니다.

더불어 타인의 몸을 동의 없이 촬영하는 것은 불법이며 범죄임을 알려줘야 합니다. 아이에게 친구의 몸, 선생님의 몸, 가족의 몸도 동의 없이 촬영하면 안 된다고 알려주세요. 초등학교 6학년 아이가 교사의 치마 속을 촬영한 사건이 있습니다. 촬영한 이유를 묻자, 아이는 불법 촬영한 동영상을 보고 호기심이 생겨 찍었다고 했습니다. 범죄가 또 다른 범죄를 낳은 경우입니다.

초등학생 남자아이가 좋아하던 여자아이 얼굴에 나체사진에 합성하여 단체 채팅 방에 올린 사건도 있습니다. 남자아이의 고백을 여자아이가 받아주지 않았다는 이유에서였습니다. 남자아이는 사진 합성은 흔히 있는 일이라 장난처럼 해봤다고 했습니다. 디지털 성범죄가 학교폭력과 결합한 경우입니다. 아이는 자신과 싸우거나 맘에 안 드는 친구에게 보복하려고 사진 합성을 하거나 불법 촬영을 하기도 합니다. 그리고 이를 단체 채팅 방에 유포합니다. 모두 범죄입니다.

아이에게 이러한 사진과 영상을 촬영하는 것도, 이를 합성하는 것도, 보는 거나 요구하는 것도, 유포하는 것 모두 범죄라고 알려줘야 합니다. 누군가 이런 사진이나 영상을 온라인에 업로드하면 부모에게 알려달라고 교육하세요.

아이에게 이런 사진이나 영상을 누군가 요구해도 부모에게 알려달라고 하세요. 장난으로 생각하고 한 행동이 장난으로 끝나지 않는다는 것도 알려주어야 합니다. 타인의 인격을 침해하는 행동이라고 정확하게 알려주세요. 타인의 인격을 죽이는 행동이라고 알려주세요.

디지털 성범죄를 가볍게 생각하지 않도록 해주세요. 디지털 성범죄는 누군가를 인격 살인 하는 중대 범죄임을, 부모부터 정확하게 인지하고 아이에게 교육해야 합니다.

## 아이가 랜덤 채팅에 빠지지 않도록 관심과 애정으로 돌봐주세요

서울시 '아동, 청소년 대상 디지털 성범죄 피해 실태조사'(2020)에 따르면, 초·중·고교생 중 36%의 아이가 낯선 사람으로부터 온라인 쪽지나 메시지를 받아본 적 있다고 답했습니다. 잘 모르는 사람이 지속해서 접근한다는 뜻입니다. 그렇다 보니 아이들은 자연스럽게 채팅을 시작하게 됩니다. 상대방은 아이가 제법 가까워졌다고 생각할 때쯤 아이에게 예쁜 모습을 보고 싶다고 요구합니다.

처음에는 손으로 시작해 발, 얼굴, 신체 특정 부위의 몸 사진을 요구합니다. 아이는 정신없이 따라가게 됩니다. 아이가 이런 요구에 잘 따르게 되는 것은 직접 대면하는 게 아니라서 문제의 심각성을 잘 인식하지 못하기 때문입니다. 그러나 상황은 아이가 생각하는 것보다 심각하게 전개되며,

상대는 이렇게 받은 사진과 동영상을 친구나 가족, 학교에 유포하겠다고 협박합니다.

채팅하는 아이만 문제 삼으면 안 됩니다. 아이도 채팅 애플리케이션을 이용할 수 있습니다. 디지털 사회를 살아가는 아이에게 채팅은 인간관계의 소통방법 중 하나입니다. 채팅으로 친구를 사귀는 게 익숙한 세대라는 걸 먼저 이해해야 합니다. 다만 랜덤 채팅 애플리케이션 뒤에 누가 있는지를 아는 것이 중요합니다.

일반적으로 랜덤 채팅에는 성인 남자가 개입되어 있고, 아무것도 모르는 아이들은 속수무책으로 피해를 겪게 됩니다. 아이들은 자신도 모르는 사이 그들을 노리는 채팅을 통해 성 상품이 될 수 있습니다.

아이가 누군가에게 사진이나 영상을 보냈다면 피해를 확인해야 합니다. 상대방이 아이에 대해 무엇을 얼마나 알고 있는지 파악해야 합니다. 증거를 확보하는 것도 중요하기 때문에 주고받은 메시지, 채팅방 캡처, 게시물 캡처, 가해자를 특정할 수 있는 정보 등 모든 증거를 확보해야 합니다.

추가 피해를 막기 위해 담당 기관에 도움을 요청할 수도 있습니다. 여성 긴급전화 1366의 도움을 받을 수 있습니다. 사실 현행법상 어려운 부분도 많습니다. 아동·청소년이 자기 사진이나 영상을 전송한 경우, 가해자를 처벌할 마땅한 법이 아직 부재하기 때문입니다. 피해자가 아동·청소년이란 것을 가해자가 인지하고 있었다는 걸 입증하는 데도 어려움이 따릅니다.

가해자가 피해자의 사진이나 촬영물을 소지하고 있지 않을 때에도 처벌이 요원합니다. 현행법 제도의 한계입니다. 아이가 랜덤 채팅 성범죄에 노출되었을 때 부모도 많이 놀라겠지만 누구보다 많이 놀라게 될 사람은 당사자인 아이입니다.

아이부터 다독여주세요. 어디에 말도 못 하고 혼자서 얼마나 힘들었을까요? 먼저 네 잘못이 아니라고 말해주세요. 이런 피해는 아이뿐 아니라 주변 사람들에게도 발생하는 일이라고도 알려주세요. 앞으로는 그런 일이 없도록 부모가 도와주겠다고 안심시켜주세요.

랜덤 채팅을 무조건 하지 말라고 하면 잔소리밖에 안 되고, 무엇을 얼마나 더 했는지 묻는 것은 추궁밖에 안 됩니다. 이를 기회로 성적인 목적으로 랜덤 채팅에 접근하는 사람이 있다는 것을, 금전적으로 도움을 주겠다는 사람을 경계해야 한다고 알려주세요.

채팅으로는 그 사람이 누구든 어떤 사람인지 파악할 수 없다는 것을, 채팅에서 아이를 잘 이해해주고 좋은 사람처럼 느껴지더라도 절대로 직접 만나서는 안 된다고도 짚어주세요. 손이든 발이든 신체를 찍은 사진을 요구하면 바로 관계를 끊어야 하고, 바로 부모에게 이야기해달라고 말해주세요.

사실 아이가 랜덤 채팅에 빠지지 않는 게 가장 좋습니다. 그러나 랜덤 채팅에 빠진 아이를 마냥 탓할 문제는 아닙니다. 랜덤 채팅에 빠진 아이의 상당수는 부모나 주변으로부터 보호받지 못하는 특징을 보입니다.

관심을 못 받으니 관심을 주는 다른 누군가에게 빠지게 되는 것입니다. 이런 문제를 예방할 방법은 사실 간단합니다. 평소 아이에게 관심을 주고 대화하는 것입니다. 평소 아이에게 지지와 애정을 주고 있는지 점검해보세요. 아이가 외로워서, 이야기할 상대가 없어서 랜덤 채팅을 하는 건 아닌지 짚어보아야 합니다.

혹여 아이가 만나는 상대가 있는데 우울하다면 관심 있게 지켜봐야 합니다. '알아서 하겠지' 하고 그냥 두어서는 안 됩니다. 아이가 자존감이 낮아진 경우도 마찬가지입니다. 평소와 다르게 감정변화가 심하다면 먼저 다가가야 합니다.

그렇다고 아이 몰래 아이의 휴대폰을 보는 것은 좋은 방법이 아닙니다. "언제든 도움이 필요하면 말해줘! 엄마는 늘 네 편이니까! 엄마가 도와줄게"라고 신호를 보내주는 게 좋습니다. 평소 부모에게 이런 응원과 관심을 받아온 아이는 힘들 때 부모에게 좀 더 편안하게 손 내밀 수 있습니다.

아이를 양육할 때 각 시기에 맞게 주어야 할 애정과 관심이 있습니다. 아이가 처음 이 세상에 태어났을 때를 떠올려보세요. 아이의 존재가 소중하니, 아이가 말을 못 해도 울기만 해도 표정 하나에 무엇을 원하는지 알아차렸을 겁니다.

아이에게는 그런 관심이 필요합니다. 아이가 랜덤 채팅에 빠지지 않길 바란다면 충분한 관심과 애정을 주세요. 아이는 부모가 주는 사랑으로 인해 중심을 잡고 흔들리지 않을 테니까요. 설사 흔들리더라도 금방 중심을 잡고 다시 일어날 겁니다.

# 우리 아이도 성폭력 피해자 혹은 가해자가 될 수 있습니다

부모가 아이를 다 알 수는 없습니다. 부모 앞과 그 외의 모습이 다를 수도 있습니다. 집에서는 순하고 공부 잘하는 아이지만 밖에서는 다른 모습일 수 있는 겁니다. 얼마든지 성폭력 가해자가 될 수도 있다는 사실을 염두에 두어야 합니다.

### 아이가 성폭력 가해자가 되었다면 스스로 '책임'지게 해주세요

대부분의 부모는 '우리 애는 그럴 애가 아니야'라는 믿음을 갖습니다. 그런 상황에서 부모는 아이가 성폭력 가해자 상황에 놓이면 당황하게 됩니다. CCTV 등을 통해 아이의 성폭력 가해를 눈으로 직접 확인해도 부정합니다. 그러나 성폭력을 저지르는 사람은 따로 정해져 있지 않습니다.

누구라도 주변인을 동등한 존재로 대하지 않는다면 성폭력의 가해자가 될 수 있습니다. 그 전에 어떻게 자라왔든, 공부를 잘했든, 운동을 잘했든, 착한 자녀였든 예외는 없습니다.

하버드 의학대학 정신과 교수인 주디스 허먼(Judith Herman)은《트라우마》(Trauma and recovery, 2012, 열린책들)에서 성범죄를 경험하는 심리적 고통은 베트남전 참전 군인이 겪은 '외상 후 스트레스 장애'보다 더 참혹하다고 했습니다. 이 아이들이 자라서 수치심과 죄책감으로 자살하지 않고 사고로 위장된 죽음을 피해 살아남은 것은 전쟁에서 살아남은 것과 같다고 했습니다. 그리고 성폭력 피해로부터 살아남은 사람을 '생존자'라고 규정했습니다. 고통을 극복하고 생존한 적극적인 존재로 표현하는 것입니다.

성폭력은 어떠한 이유를 불문하고 일어나지 않아야 합니다. 그렇지만 부모가 아무리 아이를 잘 보호한다고 해도 완벽히 보호할 수는 없습니다. 그러니 우리 아이도 피해자 혹은 가해자가 될 수 있습니다. 나이가 어리든, 공부를 잘했든, 옷을 어떻게 입었든, 여자든 남자든 성폭력의 대상과는 아무런 관계가 없습니다. 성별도 관계가 없고요. 교통사고와 같습니다.

성폭력은 언제 어떻게 찾아올지 모르는 일입니다. 가해자가 있기에 피해자가 존재합니다. 피해자는 가해자가 만드는 것입니다. 어찌 된 일인지 우리 사회가 피해자를 가해하는 일도 발생하고 있습니다.

말과 행동으로 피해자가 2차 가해를 당하거나 죽도록 방치하는 일은 일어나지 않도록 해야 합니다. 그러니 가정에서 교육해야죠. 우리 아이도 성폭력의 가해자가 될 수 있습니다. 반대로 성폭력의 피해자가 될 수도 있고요.

아이가 성폭력 가해자가 되었다면 처음부터 아이가 책임지게 하세요. 내 아이가 성폭력 '가해자'가 된다는 생각만으로도 숨이 막히지만 그런 일은 일어날 수 있습니다. 그렇게 하라고 가르치진 않았지만 일어날 수 있습니다. 성폭력은 실수로 일어나는 일이 아니라 다른 사람에 대한 존중이 결여되어 일어나는 문제입니다. 그냥 넘어가면 절대 안 됩니다.

아이가 어리다는 이유로 대신 책임지겠다는 부모가 종종 있습니다. 아이는 아무런 처벌도 받지 않게 해달라고 요청합니다. 이럴 경우 아이는 성폭력 가해에 죄의식을 느끼지 못할 뿐만 아니라 무슨 일이든 부모가 해결해줄 거라고 믿게 됩니다.

또다시 같은 행동이 반복될 수 있습니다. 자기중심적으로 살게 될 수도 도덕적 기준을 무시하게 될 수도 있습니다. 더불어 '남자애가 그럴 수도 있지'는 부모가 경계해야 할 말 1호라는 점을 반드시 새겨두세요.

아이의 잘못은 인정하지만, 대인관계에 문제가 생길까 싶어 노심초사하는 부모도 있습니다. 사건에 대해 진지하게 대화하기보다 아이가 갖고 싶어 했던 물건을 쥐어주거나 기죽지 말라며 용돈을 주기도 합니다.

부모가 '괜찮다'고 말해주고 선물까지 받으면 아이는 어떤 생각을 할까요? 아이는 반성은커녕 운이 없었다고 생각할지 모릅니다. 아이를 진정으로 사랑한다면 아이가 자신의 행동에 책임지게끔 처벌을 받아들이게 해야 합니다. 잘못에 대한 대가를 치르도록 해야 합니다.

아이가 성폭력 가해자가 되면 부모는 실망할 수 있습니다. '난 그렇게 가르치지 않았다' '어디서 이런 애가 태어나서' 등 날카로운 말을 하는 경우도 있습니다. 제가 만난 부모 중에는 아이를 바로 집에서 내쫓겠다는 경우도 있었습니다. 화가 난 나머지 이렇게 대응할 바에는 차라리 침묵하세요. 그 방법이 아이와의 관계를 덜 해칠 수 있습니다. 부모가 불같이 화내는 모습을 보이면 아이는 부모로부터 버려졌다는 두려움을 느끼게 됩니다.  초기 대응이 가장 중요합니다. 진지한 태도로 사실을 확인하는 게 우선입니다. 가급적 빨리 피해자를 만나 제대로 사과해야 합니다. 아이는 잘못된 행동임을 스스로 느껴야 합니다. 처음부터 아이가 상대방에게 진심으로 사과할 수 있도록 만들어줘야 합니다.

현명한 부모라면 다시는 같은 일이 발생하지 않도록 시작부터 제대로 책임지게 합니다. 아이의 처벌을 면하게 하는 게 아이를 위한 것이라 생각하고 처음부터 변호사를 선임하는 경우도 있는데, 이는 아이를 위한 태도가 아닙니다.

피해자에게 사과한 후에는 피해자 부모나 피해자가 원하는 요구사항을 이행해야 합니다. 말뿐 아니라 행동으로 보여주는 것입니다. 학교나 수사기관의 절차에 적극적으로 임해야 하고, 그 과정에서 피해자에게 2차 피해를 주는 일이 없어야 하는 게 당연합니다. 가해자 부모 중에는 피해자에게 직접 연락을 취해 합의를 종용하는 사람도 있습니다. 용서해달라고 사정하는 것은 피해자를 더 힘들게 하는 행동입니다. 더불어 특별교육을 받게 된다면 부모도 아이와 함께 받으세요. 가정 문화를 점검해보아야 합니다. 모든 절차가 끝나면 아이와 부모의 건강상태를 체크해야 합니다. 많이 놀란 부모 스스로 다독이고 회복하는 데 집중하세요.

아이에게도 많은 관심이 필요합니다. 스스로 폄하하지 않도록 아이의 자존감도 채워주세요. 성범죄는 잘못된 행동이지만, 아이의 존재 자체가 나쁜 것은 아닙니다. 무엇이 잘못된 행동인지 확실히 짚어주세요. 아이가 성폭력 가해자가 되어도 가족이라는 사실은 변함없습니다.

아이도 한 사람의 인격체이고, 어떤 경우라도 아이의 인권을 침해하는 언행을 해서는 안 됩니다. 잘못된 행동을 했다면 그 행동을 고치기 위해 훈육할 수는 있지요. 훈육이라며 아이의 인격을 모독하는 일은 없어야 합니다. 학대하는 일은 더더욱 없어야 합니다. 아이가 마음속 깊이 반성할 수 있도록 해주세요.

아이가 피해자에게 사과하고 자신의 잘못을 알게 하는 경험은 매우 중요합니다. 이는 부정적인 경험이 아니라 어두운 길을 밝혀주는 기회의 경험이 됩니다. 아이가 가해자가 되었다고 너무 상심하지도 자책하지도 마세요. 대신 그런 일을 반복하는 어리석은 사람이 되지 않게끔 교육의 기회로 활용하세요. 반복해서 당부하지만 아이가 성폭력 가해자가 되었다면 처음부터 스스로 책임지게 하세요.

### 아이가 성폭력 피해를 겪었다면 '보호'와 '위로'를 해주세요

'우리 아이가 성폭력의 피해자가 된다면?'이란 질문에 눈물부터 난다는 부모가 많습니다. 이런 일은 없어야 합니다. 무엇보다 내 아이가 성폭력 피해를 경험하지 않길 바라지만, 우연히 닥쳐오는 사고를 피하기는 어렵습니다. 피할 수 없다면 어떻게 수습할 것인가를 고민하는 게 중요합니다. 이미 겪은 피해 사실을 바꿀 수는 없습니다. 그러나 피해 경험 때문에 아이 안에서 일어나는 일들은 바꿀 수 있습니다.

먼저 아이에게 일어난 사건을 인정해야 합니다. 폭력을 경험했더라도 자신을 지킬 수 있습니다. 우선 아이를 탓하지 말아야 합니다. 부모는 억울하고 화가 나 불안한 감정이 올라올 수 있습니다. 감정을 컨트롤할 수 없거나, 울고불고 흥분하기도 합니다. 그럴수록 아이는 두려움에 떨게 됩니다. 아이의 상처가 깊어질 수 있습니다. 아이는 잘못한 게 없습니다. 그리고 아이는 밝게 회복되어야 한다는 것을 반드시 기억해야 합니다. 일반적인 사고나 사건처럼 그저 그렇게 담담하게 반응하는 게 적절합니다.

아이를 믿어주고 감싸줄 수 있는 사람이 있어야 합니다. 저는 성교육 강의에서 "성폭력 피해 경험을 온전하게 들어줄 한 사람만 있어도 피해자는 안전하다"고 말합니다. 피해자를 중심으로 생각하는 사람이 있고 없고의 차이는 큽니다. 부모는 아이에게 '보호자'와 '위로자'가 되어주어야 합니다. 아이가 두려움과 슬픔에서 벗어나게 해줘야 합니다. 부모라면 아이 편에서 버팀목이 되어주어야 합니다.

우선 부모가 안정되어야 아이를 도와줄 수 있습니다. 부모부터 안정을 찾으세요. 누구보다 힘들었을 아이를 먼저 위로해주고, 상황을 인지한 뒤에는 아이의 심리적·신체적 상태부터 확인합니다. 절대로 아이를 탓해서는 안 됩니다. 다그치듯 물어서도 안 됩니다.

아이의 이야기를 잘 들어주고 '이야기해줘서 고맙다'라고 해주세요. 그다음 사건에 대해 정확하게 인지해야 합니다. 확실하게 알아야 문제 해결에 도움이 되기 때문에 아이를 안심시킨 뒤 차근차근 질문합니다. 질문을 마치고는 '힘들었을 텐데 솔직하게 말해줘서 고맙다'고 말해줍니다.

다음에는 아이가 원하는 게 무엇인지 정리해보세요. 아이와 아무런 대화 없이 무작정 신고부터 하는 것은 좋은 대처방법이 아닙니다. 아이가 원하는 것에 따라 접근 방법을 달리해야 합니다.

사건의 해결에서 가장 중요한 것은 '아이의 회복'입니다. 아이가 몸과 마음 모두 건강하게 일상을 회복하는 게 그 무엇보다 중요합니다. 그 무엇도 아이의 건강과 안전보다 우선될 수 없습니다. 혹시라도 아이가 성폭력의 피해자가 되었다면 다음 내용을 참고하여 말해주세요.

- 엄마(아빠)에게 이야기해줘서 고마워.
- 네 잘못은 하나도 없어.
- ○○이가 잘못해서 생긴 일이 아니야.
- 잘못은 가해자가 한 거야.
- 충분히 화날 수 있어, 그 마음 이해해.
- 엄마 아빠는 너를 믿어. 항상 ○○이 편이야.

다음과 같은 말은 아이에게 절대로 해서는 안 됩니다.

- 좀 더 조심하지 그랬어?
- 왜 따라간 거야?
- 왜 가만히 있었어?
- 그러니까 똑바로 행동했어야지.
- 그렇게 하지 말라고 몇 번이나 말했어?
- 지금은 말하기 싫으니까 나중에 얘기하자.

아이의 성향과 환경에 따라 부모나 주변 사람에게 이야기하지 못할 수도 있습니다. 평소에 아이를 잘 관찰해야 합니다. 폭력에 취약한 아이에게 어른은 중요한 역할을 합니다. 아이가 누구를 만나는지 어떤 놀이를 하는지 잘 살펴야 합니다. 아이가 꼭 말하지 않아도 몸이나 행동에서 성폭력 피해를 알아차릴 수도 있으니 적절히 관찰해야 합니다.

아이의 성폭력 피해는 부끄러운 일이 아닙니다. 아이에게는 어떠한 잘못도 책임도 없습니다. 잘못은 오직 가해자에게 있습니다. 성폭력의 경험이 아이를 평생 힘들게 하는 트라우마가 되지 않도록 도와줘야 합니다. 부모님은 아이가 성폭력 피해자가 되었을 때 '보호자'이자 '위로자'가 되어야 합니다.

# 성폭력 피해 발생 시 전문기관의 도움을 받으세요

법적으로 성폭력 사건에 대응하기로 했다면 확인해야 할 사항들이 있습니다. 우선 법률상으로 피해를 당한 것인지 확인해야 합니다. 모든 성폭력이 형사처분되는 것은 아니기 때문입니다. 가해자가 13세 미만의 아동일 때는 형사처분이 불가합니다.

또한 성폭력 피해 지원기관의 도움을 받아 증거를 확보해야 합니다. 성폭력은 증거가 매우 중요한데, 증거는 시간이 지나면 사라질 수 있고, 명확한 증거가 없으면 피해자가 오히려 무고가 될 수 있기 때문입니다.

성폭력 피해 전문기관을 통하면 다양한 도움을 받을 수 있습니다. 아동 성폭력의 경우 전국에 있는 '해바라기센터'를 통해 도움을 받을 수 있습니다. 놀이치료 등의 심리상담 치료도 받을 수 있고, 아이의 상태에 따라 약물치료가 함께 이루어지기도 합니다.

일단은 아이와 함께 성폭력 피해 전문기관을 방문하세요. 막상 상황에 닥치면 당황하여 제대로 대처하지 못하기 때문입니다. 전문가의 적절한 도움을 받으면 아이의 후유증을 최소화할 수 있습니다. 아이가 성폭력 '피해자'가 아닌 '생존자'로 온전히 살 수 있게 전문가의 도움을 받으세요.

심리치료는 아이뿐 아니라 부모도 받기를 권합니다. 많은 부모는 아이가 성폭력 피해를 겪었을 때 죄책감에 빠집니다. '내가 더 신경 쓸걸' '못 가게 할걸' '내가 못난 탓이야'라고 스스로를 탓합니다.

성폭력은 아이의 잘못도, 부모의 잘못도 아닙니다. 그러니 자신을 탓하지 마세요. 아이를 위해서라도 부모부터 힘을 내야 합니다. 중심을 잘 잡아주세요. 부모의 감정은 아이에게 금방 전달됩니다. 아이에게 불안한 감정을 전달하지 마세요.

성폭력 피해 전문기관인 해바라기센터의 기존 명칭은 성폭력 피해자 통합지원센터였습니다. 본래 명칭이 부정적으로 느껴질 수 있어서 성폭력 피해자가 해바라기꽃처럼 활짝 웃는 희망을 지니길 바라는 의미를 담아 명칭을 바꾼 것입니다. 해바라기센터는 365일 24시간 전문상담사에 의해 운영되며 상담·의료·수사·법률 지원을 통합적으로 제공합니다. 전화·인터넷·방문 상담이 가능합니다. 초기 상담 후에도 지속적인 상담을 바탕으로 피해자와 그 가족의 치유 및 회복을 지원합니다. 피해자에게 응

급의료를 무상으로 지원합니다. 수사·법률 지원은 전담하는 여성 경찰관이 근무하여 전문적 진술 조사 기법으로 상담과 피해조사가 가능합니다. 위탁기관에 연계하여 무료로 법률 구조를 받을 수 있는 변호사 상담도 지원합니다.

해바라기센터는 전국에 통합형 16개소, 위기지원형 16개소, 아동형 7개소로 분류하여 운영되고 있습니다(2021년 기준). 통합형은 모든 연령 및 성별을 포함하여 피해자 및 가족에 대한 지원을 집중합니다. 위기지원형은 말 그대로 위기상황, 긴급한 상황에 대한 서비스를 제공합니다. 아동형은 모든 성별을 포함한 19세 미만 아동, 청소년 및 모든 연령의 지적장애인을 담당합니다.

'해바라기아동센터'는 단순하게 상담과 의료비를 지원하는 곳이 아닙니다. 피해자가 받은 상처까지 치료해 아이가 행복하게 살 수 있도록 꿈을 키워주는 곳입니다. 해바라기아동센터가 필요할 때는 거주지 가까운 곳으로 도움을 요청하세요. 상담은 유선으로도 가능하지만 대면 진술이 필요한 경우, 심리치료를 받는 경우 등 직접 센터에 방문해야 하는 경우가 있어 가까운 곳으로 도움을 요청하는 편이 좋습니다. 이처럼 성폭력 피해 전문기관의 대처방법은 다양하니 아이와 충분히 대화한 뒤 결정하세요.

그런데 기관의 도움을 받아도 피해자가 바라는 대로 해결되지 않기도 합니다. 원하는 결과가 나오지 않을 수 있습니다. 그때는 너무 자책하지 마세요. 문제 해결을 위해 부모와 아이가 최선을 다했고, 결과를 떠나 부모와 아이가 잘못한 건 없습니다. 부모 자신과 아이에게 많이 고생했다고 최선을 다했다고 격려하고 칭찬해주는 게 필요합니다.

그다음에는 아이의 회복에 집중해야 합니다. 아이 곁에서 든든한 버팀목이 되어주세요. 잠시라도 쉬는 시간을 가지고, 여행을 다녀와도 좋습니다. 나만의 스트레스 해소 방법을 찾아 몸을 움직여도 좋고 명상이나 달리기를 해도 좋습니다.

부모는 아이가 빨리 회복되길 바랄 텐데, 회복 속도가 더딘 아이도 있습니다. 이때 더 빨리 회복하라고 아이의 등을 떠밀지 마세요. 아이도 최선을 다하고 있을 테니 아이의 존재와 시간을 존중해주세요.

# 성교육에 최선을 다한
# 부모님, 수고 많이 하셨습니다

육아에 순간순간 최선을 다한다고 하지만 생각만큼 안 될 때가 있습니다. 그러니 많은 부모가 실수도 하고 후회도 합니다. 아이를 키우며 부모로서 미안한 날도 제법 많습니다. 아이가 아프거나 다칠 때마다 죄책감도 큽니다. 그럴 때마다 '내가 부족해서' '내가 잘못해서'라며 '부모 자격'을 많이 생각했습니다. 아이에 대한 갖가지 생각에 마음 졸이기도 했습니다. 앞으로 잘 키울 수 있을지 걱정이 많았습니다. 부모가 처음이다 보니 서툴고 부족한 게 당연합니다.

엄마가 아니었다면 길을 걸어가며 혼잣말을 그렇게 열심히 하지 않았을 겁니다. 아이 앞에서 춤추지도 않았을 거예요. 아빠가 아니었다면 아이와 자전거를 그렇게 열심히 타지도, 잠자리에서 아이에게 동화책을 읽어주지도 않았을 겁니다. 엄마가 아니었다면, 아빠가 아니었다면 하지 않았을 행동들을 아이를 위해 했던 것입니다.

아이가 태어나며 저도 몰랐던 저를 발견하는 날이 많았습니다. 아이 유치원 운동회 때 “엄마! 엄마도 나가서 해요!”라고 외치는 아이의 한마디에 부끄러움은 잊고, 미친듯이 달려 나가 게임에 참가했습니다. 제가 받아온 상품을 받아들고는 “우리 엄마 1등 했어!”라며 웃던 아이의 미소가 지금도 생생히 떠오릅니다. 아이를 키우며 웃던 날도 울던 날도 많았습니다. 저의 아이들이지만 저와는 많이 다릅니다. 두 아이도 서로 다릅니다. 첫째 아이와 둘째 아이 모두 제가 낳은 자식이지만 ‘어쩜 저리도 다를까!’ 싶을 정도입니다. 이처럼 부모와 아이의 성에 대한 생각과 감각도 다를 수 있습니다. 맞고 틀리고의 문제가 아닙니다. 서로 다름을 존중해야 합니다. 때로는 부모의 가치관이 잘못될 수 있다는 것도 알아야 하고, 그 잘못을 받아들이기도 해야 합니다.

금쪽같은 우리 아이를 위해 이 책을 펼치신 부모님께 저는 “배워서 내 아이 주자!”고 말씀드리고 싶습니다. 사랑하는 내 아이를 위해 이 책에서 배운 바를 실천해주세요. 이제 막 시작한 성교육에 당장 긍정적인 결과가 나타나지 않을 수도 있습니다.

아이를 제대로 교육할 수 있을지, 아이가 과연 달라질지 조바심이 날 수도 있습니다. 조급하게 생각하지 마세요. 성교육은 시험을 치르고 바로 결과를 확인할 수 있는 영역이 아닙니다.

성교육을 지금 시작하지 않으면 아이가 잘못된 성 인식을 지닐 수 있고, 이것이 아이의 평생을 좌우할 수 있다는 것을 알아야 합니다. 부모라면 아이에게 안락하고 몸과 마음이 편히 쉴 수 있는 방이 되어주어야 합니다. 부모가 아이의 마음속 낙원이 되어주세요.

아이의 마음은 부드럽고 조심스럽게 그리고 섬세하게 대해야 합니다. 함부로 대한다면 몸과 마음에 상처가 나기 쉽습니다. 마음에 난 상처는 쉽게 아물지 않습니다. 설령 잘 아문다고 해도 상처의 흔적이 고스란히 남을 수 있습니다. 상처에 대한 기억이 아이를 괴롭힐 수도 있고 평생 고통으로 남을 수도 있습니다.

사랑은 '적극적으로 주는 것'이라고 합니다. 사랑을 잘 나누면 그 감정이 더욱더 풍요로워집니다. 풍요로워지기 위해서는 기술이 필요합니다. 사랑에도 기술을 익혀야 합니다. 사랑한다면 상대방을 지배하지 않아야 합니다. 통제하지도 않고, 낮추어 비하하지도 않아야 합니다. 서로의 개성을 인정하며 평등한 관계로 지내야 합니다. 사랑의 출발은 '존중'입니다. 존중에는 인정하고 지지하는 것까지 포함됩니다. 우리 아이를 있는 그대로 인격적 존재로 존중하고 있는지 지금 한번 생각해보세요.

아이를 키우며 흔들리는 날이 반복될 수 있습니다. 잘하고 있다고 스스로 주문을 걸어보지만 잘하는 것인지 알 수 없고, 다른 부모와 이야기하다 보면 스스로 부족한 부모로 느껴지기도 합니다. 우리는 모두 엄마,

아빠가 처음입니다. 그러니 흔들릴 수 있고 실수할 수 있습니다. 당장의 흔들림을 너무 크게 생각하지 마세요. 흔들림을 통해 더 단단한 부모가 될 겁니다.

아이의 성교육을 외면하지 않고 책장을 펼친 우린 제법 괜찮은 부모입니다. 책에서 제가 다양한 이야기를 다루었는데요, 다 가져갈 순 없을 겁니다. 다 가져가려다 보면 지칠 수도 있고, 힘든 나머지 아예 시작 못 할 수 있습니다. 그러니 차근차근 하나씩 하나씩 가져가세요. 하나가 모여 둘이 되고, 열이 되고, 백이 되잖아요. 지치면 잠시 쉬기도 하면서 가세요. 마라톤을 하면서 앞만 보고 달렸던 때가 있습니다. 주변을 둘러볼 여유가 없어서 시원한 바람도, 사람들의 모습도 보지 못했습니다. 그러다 다치고는 그저 앞만 보고 달리는 것이 능사가 아니라는 사실을, 너무 많은 욕심을 부렸음을 알게 되었습니다. 그때부터 즐기면서 달리기 시작했습니다. 힘들면 쉬기도 하고, 주변 풍경을 카메라에 담기도 했습니다. '최선을 다하는 것'도 필요하지만 때로는 '그냥 하는 것'도 필요합니다.

인생은 경주가 아니고, 한 걸음 한 걸음 음미하는 여행과 같습니다. 아이와 함께 인생을 음미해보세요. 오늘보다 한 뼘 더 성숙한 부모가 될 수 있을 겁니다. 이 책을 읽는 데 시간 내주신 부모님들! 이 책에서 알게 된 것들을 우리 아이에게 내어주세요! 함께 성장하는 기회가 되었으면 합니다. 지금까지 성교육에 최선을 다한 부모님, 수고 많이 하셨습니다.